# Schwingungen und Wellen in Alltagskontexten

Lutz Kasper · Jan Winkelmann
Hrsg.

# Schwingungen und Wellen in Alltagskontexten

Impulse für die Unterrichtspraxis und Hochschullehre

*Hrsg.*
Lutz Kasper
Abteilung Physik
Pädagogische Hochschule
Schwäbisch Gmünd
Schwäbisch Gmünd, Deutschland

Jan Winkelmann
Abteilung Physik
Pädagogische Hochschule
Schwäbisch Gmünd
Schwäbisch Gmünd, Deutschland

ISBN 978-3-662-70948-1     ISBN 978-3-662-70949-8 (eBook)
https://doi.org/10.1007/978-3-662-70949-8

Die Deutsche Nationalbibliothek verzeichnet diese Publikation in der Deutschen Nationalbibliografie; detaillierte bibliografische Daten sind im Internet über https://portal.dnb.de abrufbar.

© Der/die Herausgeber bzw. der/die Autor(en), exklusiv lizenziert an Springer-Verlag GmbH, DE, ein Teil von Springer Nature 2025

Das Werk einschließlich aller seiner Teile ist urheberrechtlich geschützt. Jede Verwertung, die nicht ausdrücklich vom Urheberrechtsgesetz zugelassen ist, bedarf der vorherigen Zustimmung des Verlags. Das gilt insbesondere für Vervielfältigungen, Bearbeitungen, Übersetzungen, Mikroverfilmungen und die Einspeicherung und Verarbeitung in elektronischen Systemen.
Die Wiedergabe von allgemein beschreibenden Bezeichnungen, Marken, Unternehmensnamen etc. in diesem Werk bedeutet nicht, dass diese frei durch jede Person benutzt werden dürfen. Die Berechtigung zur Benutzung unterliegt, auch ohne gesonderten Hinweis hierzu, den Regeln des Markenrechts. Die Rechte des/der jeweiligen Zeicheninhaber*in sind zu beachten.
Der Verlag, die Autor*innen und die Herausgeber*innen gehen davon aus, dass die Angaben und Informationen in diesem Werk zum Zeitpunkt der Veröffentlichung vollständig und korrekt sind. Weder der Verlag noch die Autor*innen oder die Herausgeber*innen übernehmen, ausdrücklich oder implizit, Gewähr für den Inhalt des Werkes, etwaige Fehler oder Äußerungen. Der Verlag bleibt im Hinblick auf geografische Zuordnungen und Gebietsbezeichnungen in veröffentlichten Karten und Institutionsadressen neutral.

Planung/Lektorat: Gabriele Ruckelshausen
Springer Spektrum ist ein Imprint der eingetragenen Gesellschaft Springer-Verlag GmbH, DE und ist ein Teil von Springer Nature.
Die Anschrift der Gesellschaft ist: Heidelberger Platz 3, 14197 Berlin, Germany

Wenn Sie dieses Produkt entsorgen, geben Sie das Papier bitte zum Recycling.

# Vorwort und Einführung

Unter dem gleichlautenden Titel dieses Sammelbands *Schwingungen und Wellen in Alltagskontexten* fand im November 2023 im Physikzentrum Bad Honnef eine mehrtägige Fortbildungsveranstaltung für aktive und angehende Physiklehrkräfte statt. Die Vorträge und Workshops zeigten insbesondere unter dem Anwendungs- und Alltagsaspekt die Breite des Themas vom Musikinstrument und der Musik bis zum anspruchsvollen Blick in moderne Messgeräte oder Anwendungen für die Astronomie auf. Diese Inhalte bilden hier die Grundlage dieses Bands und sollen einer breiteren Öffentlichkeit als Ideenfundgrube und Anregung für Unterricht bzw. Lehrveranstaltungen zugänglich gemacht werden.

Als wissenschaftliche Leiter dieser Veranstaltung und Herausgeber des vorliegenden Bands schätzen wir eine fachliche und fachdidaktische Auseinandersetzung mit den „Schwingungen und Wellen" für Physiklehrkräfte als außerordentlich gewinnbringend ein. Von Tönen, Klängen oder der Schaukel bis hin zur Frage, wie eine Nachricht in das Handy kommt: Unter fachdidaktischer Perspektive machen gerade die vielfältigen Alltagsbezüge das Thema so wertvoll. Weiterhin bieten Schwingungen und Wellen hervorragende Möglichkeiten zur experimentellen Umsetzung auf sehr unterschiedlichem Niveau und können somit zur Förderung von Interesse bei den Lernenden beitragen. Nicht zuletzt lassen sich Schwingungsphänomene sehr gut veranschaulichen, wobei oft mehrere Sinne angesprochen und Analogien nutzbar gemacht werden können.

Dem Thema wohnen grundlegende physikalische Konzepte und Begriffe inne (Periodizität, Superposition, Interferenz ...), die sich in der Akustik, der Mechanik, der Optik oder der Elektrizitätslehre auf jeweils ähnliche Weise zeigen und Lernenden zu einem vertieften Verständnis auch fortgeschrittener physikalischer Theorien, z. B. in der Quantenphysik, verhelfen können. Gleichzeitig findet die Thematik eine allgegenwärtige praktische Anwendung im Alltag oder in modernsten Technologien. Exemplarische Analysen solcher alltäglichen, technischen oder auch natürlichen Phänomene helfen Lernenden, ihre Umgebung zu verstehen und erklären zu können.

Schwingungen und Wellen bleiben dabei nicht allein auf physikalische Domänen beschränkt. Ihr Bezug zu musischen Fächern ist naheliegend. Sie repräsentieren aber auch einen Bereich, der grundlegend ist für das Verständnis aktueller und interdisziplinärer Forschungsarbeiten, wie es z. B. die Forschung zur Signalverarbeitung in neuronalen Netzen zeigt. Schließlich erfordert und fördert das konzeptuelle

Verständnis von Schwingungen und Wellen die Verwendung bestimmter mathematischer Methoden wie z. B. den Umgang mit trigonometrischen Funktionen in der Sekundarstufe 1 oder mit Differenzialgleichungen und komplexen Zahlen in der Sekundarstufe 2 oder im Physikstudium und bildet damit eine ganz „natürliche" Brücke von der Physik in die Mathematik.

Einen Schwerpunkt der Fortbildungsveranstaltung und auch dieses Bands bildet innerhalb von „Schwingungen und Wellen" die Akustik als der Bereich der Physik, der sich mit dem Schall und seiner Ausbreitung beschäftigt. In der naturwissenschaftlichen Ausbildung aller Schulstufen und -formen kann der Akustik ein besonderer Bildungswert zugeschrieben werden. Zum einen sind akustische Phänomene – innerhalb der Hörgrenzen – unseren Sinnen direkt zugänglich und somit für viele Beobachtungen und Experimente in besonderer Weise geeignet. Zum anderen sind Schülerinnen und Schüler ständig von Klängen, Umgebungsgeräuschen, Sprache oder Musik umgeben und bringen ihre vielfältigen Erfahrungen mit in den Unterricht. Demonstrationen und Experimente zur Schallentstehung oder -ausbreitung sind sehr leicht umsetzbar.

Akustische Anwendungen kennzeichnen oft auch fachübergreifende Merkmale. Sie lassen sich Kontexten aus der Musik, der Technik, der Biologie oder Gesundheitsthemen zuordnen und haben z. B. mit Themen wie Lärm- und Schallschutz auch eine gesellschaftliche Relevanz. Die Verbindung von physikalischen Prinzipien der Akustik mit konkreten Alltags- und Erfahrungsbereichen kann somit die Fähigkeit der Lernenden zum interdisziplinären Denken fördern.

Schließlich bietet sich die Auseinandersetzung mit der Akustik auch dafür an, einen Beitrag zur beruflichen Orientierung zu leisten. So kann ein Verständnis der physikalischen Konzepte aus der Akustik in den Sekundarstufen das Interesse an einer entsprechenden naturwissenschaftlich-technischen Ausbildung z. B. in Bereichen wie Tontechnik, Gesundheitswesen oder Umweltschutz wecken.

Die Einteilung der Beiträge dieses Bands erfolgt nach dem groben Raster in „Anwendungen zur Akustik und zu mechanischen Schwingungen" einerseits und „Anwendungen zu elektromagnetischen Schwingungen und Wellen" andererseits.

Den Übergang von mathematischen zu physikalischen Pendeln unternimmt **Martina Brandenburger** in ihrem Beitrag zum Huygens-Raebiger-Pendel. Dabei analysiert die Autorin die historisch von Huygens gefundene Lösung des isochronen Pendels und stellt eine Veranschaulichung in Form einer Pendelkonstruktion vor, die sieben Elementarpendel zu einem physikalischen Pendel verbindet und dieses während der Pendelbewegung wieder in die Elementarpendel auflösen kann. Diese fachmethodische Herangehensweise der „Zerteilung" sowie die Anwendung von Erhaltungssätzen als physikalisches Leitprinzip bergen großes didaktisches Potenzial für Lehr- und Lernprozesse in der Physik.

Die astronomische Perspektive auf Schwingungen und Wellen nimmt **Markus Pössel** ein. Dabei thematisiert er elektromagnetische Strahlung als Grundlage der astronomischen Beobachtungen sowie der damit verbundenen Anwendungen. Weiterhin führt der Autor in seinem Beitrag in die Schwingungen und Schallwellen gasgefüllter Räume des Universums wie Molekülwolken oder Sterne ein. Schließlich wird auch ein Einblick in die aktuell neueste, auf Gravitationswellen beruhende Methode der Beobachtung astronomischer Objekte gegeben.

Den breiten Bereich der elektromagnetischen Wellen stellt **Michael Vollmer** zunächst überblicksartig dar und zeigt hier die Gemeinsamkeiten in der Beschreibung unterschiedlicher Wellenarten auf. Mit dem Fokus auf motivationale Wirkungen der Verwendung von Beispielen aus der Lebenswelt von Lernenden schöpft der Autor aus einer Reihe ausgewählter Kontexte. Hier kommen Infrarotanwendungen sowohl in der Küche als auch in der Astronomie vor. Für das Thema moderner Informationsübertragung spannt der Autor den Bogen von Lichtwellenleitern bis zur Bluetoothübertragung. Schließlich wird auch ein Einblick in die Fotografie in Spektralbereichen über unsere Wahrnehmungsgrenzen hinaus, nämlich im UV- und nahen IR-Bereich, sowie zum Einsatz von Wärmebildkameras gegeben.

Wie funktionieren einfache Laserentfernungsmessgeräte aus dem Baumarkt? Dieser Frage geht **Roger Erb** in seinem Beitrag nach. Der Autor analysiert hierfür theoretisch mögliche Messmethoden und gibt experimentelle Hinweise sowie theoretische Abschätzungen für verschiedene Vermutungen an. Für Lehr- und Lernprozesse kann die Auseinandersetzung mit diesem im Alltag leicht verfügbaren Gerät mit klarem Bezug zu elektromagnetischen Wellen ein großer Gewinn sein – sowohl im Sinn von Transferleistungen von Lernenden als auch hinsichtlich experimentalphysikalischer Kompetenzen.

In ihrem forschungsbezogenen, fachdidaktischen Beitrag beschreibt **Sarah Zloklikovits** die Entwicklung und Überprüfung der empirischen Wirksamkeit eines Unterrichtskonzepts zur Vermittlung elektromagnetischer Strahlung. Das Besondere ist hierbei ihr Fokus auf die Sekundarstufe 1. Über Themen der Wechselwirkung elektromagnetischer Strahlung mit Materie bis zur Frage der Gefährlichkeit von Handystrahlung stellt das Sender-Empfänger-Modell den roten Faden des Konzepts dar.

Die Kontextorientierung bildet den Schwerpunkt im Beitrag von **Michael Ganz**, **Michael Hirth**, **Andreas Müller** und **Bianca Watzka**. Die Autorin und die Autoren stellen drei Kontexte aus dem Bereich der Akustik vor („Japans singende Straßen", das „Wummern" des während der Fahrt geöffneten Autofensters sowie das „menschliche Ohr") und präsentieren, jeweils nach einer fachlichen Einführung, konkrete Hinweise für den Einsatz im Physikunterricht.

**Gunnar Friege** adressiert in seinem Beitrag außerschulische Akustikangebote für Jugendliche, die im MINT-Cluster TÖNE der „Hörregion" Hannover entwickelt und eingesetzt werden. Beispielhaft werden – für die eigene Lehre inspirierende – Elemente aus den vier Aktivitätsbereichen „Wanderausstellung", „Hörwettbewerb", „Citizen-Science-Projekte" und „Berufsfelderkundung" des MINT-Clusters vorgestellt.

Die physikalischen Grundlagen der Akustik (Ton, Klang, Geräusch) werden von **Leopold Mathelitsch** und **Ivo Verovnik** in beispielhafter Verbindung zu Musikinstrumenten vorgestellt. Hierbei gehen die Autoren sowohl auf Instrumente mit eindimensionalen Oszillationen einzelner Saiten oder Luftsäulen (z. B. bei der Geige oder der Harfe) als auch auf mehrdimensionale Oszillatoren (z. B. eine Kirchenglocke) ein.

**Sebastian Staacks** und **Jens Noritzsch** stellen in ihrem Beitrag Experimente für den Physikunterricht unter Zuhilfenahme der App phyphox vor. Die an der RWTH Aachen entwickelte und weiterhin betreute App wird hier von den Autoren genutzt, um in einfach zu reproduzierenden Experimenten zum Beispiel die Schallgeschwindigkeit zu ermitteln oder Frequenzanalysen in Resonanz- und Interferenzsituationen zu betreiben.

Der Untersuchung komplexer Töne widmen sich auch **Patrik Vogt** und **Lutz Kasper** in ihrem Beitrag zum „Klang von Musikinstrumenten". Es werden Experimente und Apps zur Untersuchung von Klängen vorgestellt. Dabei argumentieren die Autoren für eine stärkere Berücksichtigung des Einflusses der An- und Abklingvorgänge klangerzeugender Schwingungen und legen mit dem Phänomen des „Residualtonhörens" einen weiteren Schwerpunkt in ihrem Beitrag.

Der abschließende Beitrag von **Lutz Kasper** und **Patrik Vogt** zu „Glocken und Gläsern" stellt gewissermaßen eine vertiefende Auseinandersetzung mit schwingenden Massen dar, wie sie bei Mathelitsch und Verovnik (in diesem Band, Kap. 8) eingeführt wurden. Die Autoren rücken den Vorgang des Modellierens ins Zentrum ihres Beitrags und leiten den Leser bzw. die Leserin am Beispiel des Klangs einer Kirchenglocke durch den Modellierungsprozess – vom beobachteten Phänomen bis hin zur „Faustformel", mit deren Hilfe Vorhersagen über die Beschaffenheit der Glocke formuliert werden können. In einem zweiten Kontext gehen die Autoren auf das Phänomen der Schwebung am Beispiel schwingender Gläser ein.

Wir möchten uns an dieser Stelle bei der *Wilhelm und Else Heraeus-Stiftung* für die großzügige Förderung der Tagung sowie bei der Deutschen Physikalischen Gesellschaft für die Bereitstellung der Räumlichkeiten im Physikzentrum Bad Honnef und die organisatorische Unterstützung durch Herrn Dr. Gomer sehr herzlich bedanken. Weiterhin gilt unser Dank allen Referentinnen und Referenten, ohne deren Ideen es diese Fortbildungsveranstaltung nicht gegeben hätte.

Schwäbisch Gmünd     Jan Winkelmann
im Mai 2025          Lutz Kasper

# Inhaltsverzeichnis

**1 Das Huygens-Raebiger-Pendel** .................................. 1
Martina Brandenburger
   1.1 Problemstellung und Motivation .......................... 1
   1.2 Vorüberlegungen ......................................... 2
       1.2.1 Vorkenntnisse ................................... 2
       1.2.2 Elementarpendel ................................. 3
       1.2.3 Exponat ......................................... 3
       1.2.4 Galilei-Pendel .................................. 5
       1.2.5 Schwerpunkt ..................................... 5
       1.2.6 Geschwindigkeit und Steighöhe ................... 7
   1.3 Berechnung beim siebenteiligen Pendel ................... 7
       1.3.1 Darstellung über Elementarpendel ................ 7
       1.3.2 Bewegung des Schwerpunkts ....................... 8
       1.3.3 Energieerhaltung des Schwerpunkts ............... 9
       1.3.4 Bewegung des Schwingungsmittelpunkts ............ 9
       1.3.5 Zusammenführung von Schwerpunkt
             und Schwingungsmittelpunkt ..................... 10
   1.4 Allgemeines physikalisches Pendel ....................... 10
       1.4.1 Darstellung über Elementarpendel ................ 10
       1.4.2 Bewegung des Schwerpunkts ....................... 11
       1.4.3 Energieerhaltung des Schwerpunkts ............... 11
       1.4.4 Bewegung des Schwingungsmittelpunkts ............ 12
       1.4.5 Zusammenführung von Schwerpunkt
             und Schwingungsmittelpunkt ..................... 13
       1.4.6 Zusammenfassung ................................. 13
   1.5 Ausblick auf didaktische Implikationen .................. 14
   Literatur ................................................... 16

**2 Astronomische Perspektive auf Schwingungen und Wellen** ........ 17
Markus Pössel
   2.1 Astronomie mit Lichtwellen .............................. 18
   2.2 Schallwellen im Weltraum ................................ 26
   2.3 Gravitationswellen ...................................... 30
   Literatur ................................................... 34

| 3 | **Elektromagnetische Wellen – Grundlagen und ausgewählte Anwendungen** | 35 |
|---|---|---|
| | Michael Vollmer | |
| | 3.1 Definitionen und allgemeine Beschreibung von Wellen | 35 |
| | 3.2 Unterteilung elektromagnetischer Wellen und Eigenschaften optischer Strahlung | 37 |
| | 3.3 Wechselwirkung elektromagnetischer Wellen mit Materie | 39 |
| | 3.4 Ausgewählte Anwendungen von elektromagnetischen Wellen in verschiedenen Spektralbereichen | 42 |
| | Literatur | 48 |
| 4 | **Messen mit Licht** | 49 |
| | Roger Erb | |
| | 4.1 Problemstellung | 49 |
| | 4.2 Triangulation | 50 |
| | 4.3 Pulsmessung 1 (*time-domain reflectometry*) | 51 |
| | 4.4 Phasenmessung 1 (*frequency-domain reflectometry*) | 52 |
| | 4.5 Pulsmessung 2 | 52 |
| | 4.6 Phasenmessung 2 | 53 |
| | 4.7 Verwendung des Baumarktgeräts | 54 |
| | Literatur | 56 |
| 5 | **Elektromagnetische Strahlung im Anfangsunterricht** | 57 |
| | Sarah Zloklikovits | |
| | 5.1 Einleitung | 57 |
| | 5.2 Theoretischer Hintergrund | 58 |
| | 5.3 Didaktischer Forschungsstand zu elektromagnetischer Strahlung | 58 |
| | 5.4 Überblick der durchgeführten Studien | 59 |
| | 5.5 Das Unterrichtskonzept | 60 |
| |     5.5.1 Einführung des Strahlungsbegriffs | 62 |
| |     5.5.2 Ausbreitung von Strahlung | 63 |
| |     5.5.3 Interaktion mit Materie | 64 |
| |     5.5.4 Das elektromagnetische Spektrum | 64 |
| |     5.5.5 Omnipräsenz elektromagnetischer Strahlung | 65 |
| |     5.5.6 Wirkung auf den menschlichen Körper | 66 |
| | 5.6 Ausgewählte Erkenntnisse aus den Forschungsarbeiten | 67 |
| | 5.7 Fazit | 67 |
| | Literatur | 68 |
| 6 | **Kontextorientierter Physikunterricht im Themengebiet der Akustik** | 71 |
| | Michael Ganz, Michael Hirth, Andreas Müller und Bianca Watzka | |
| | 6.1 Merkmale kontextorientierten Unterrichts | 71 |
| |     6.1.1 Authentizität | 71 |
| |     6.1.2 Interdisziplinarität | 72 |
| |     6.1.3 Komplexität | 72 |

|  |  |  |  |
|---|---|---|---|
| | 6.2 | Japans singende Straßen | 73 |
| | | 6.2.1 Physikalischer Hintergrund | 73 |
| | | 6.2.2 Unterrichtseinsatz | 75 |
| | 6.3 | Wummern: Von störenden Geräuschen zu wissenschaftlichen Erkenntnissen | 76 |
| | | 6.3.1 Physikalischer Hintergrund | 76 |
| | | 6.3.2 Unterrichtseinsatz | 78 |
| | 6.4 | Vom Hörerlebnis zur Schallwelle | 78 |
| | | 6.4.1 Das menschliche Gehör | 79 |
| | 6.5 | Fazit | 83 |
| | Literatur | | 83 |
| **7** | **MINT-Cluster TÖNE – Außerschulische Akustikangebote für Jugendliche** | | **85** |
| | Gunnar Friege | | |
| | 7.1 | Einleitung | 85 |
| | 7.2 | Regionale MINT-Cluster | 87 |
| | 7.3 | Der regionale MINT-Cluster TÖNE – Überblick | 89 |
| | | 7.3.1 Beispiele für außerschulische Angebote des MINT-Clusters TÖNE | 90 |
| | 7.4 | Schlussbemerkungen und Schlussaktivität | 97 |
| | Abbildungsverzeichnis und Rechte | | 98 |
| | Literatur | | 99 |
| **8** | **Physik in Musikinstrumenten** | | **101** |
| | Leopold Mathelitsch und Ivo Verovnik | | |
| | 8.1 | Grundlagen | 101 |
| | | 8.1.1 Ton | 103 |
| | | 8.1.2 Geräusch | 103 |
| | | 8.1.3 Klang | 104 |
| | 8.2 | Ausblick | 111 |
| | Literatur | | 111 |
| **9** | **Akustische Phänomene mit der App phyphox untersuchen** | | **113** |
| | Sebastian Staacks und Jens Noritzsch | | |
| | 9.1 | Wellenausbreitung | 113 |
| | 9.2 | Frequenzbestimmung | 115 |
| | | 9.2.1 Audiospektrum | 115 |
| | | 9.2.2 Autokorrelation | 116 |
| | 9.3 | Resonanz | 117 |
| | 9.4 | Interferenz und Schwebung | 120 |
| | 9.5 | Fazit | 122 |
| | Literatur | | 122 |

| | | |
|---|---|---|
| **10** | **Der Klang von Musikinstrumenten – Experimentelle Untersuchung komplexer Töne mit einfachen Mitteln** ............ | 123 |

Patrik Vogt und Lutz Kasper

- 10.1 Was gibt Musikinstrumenten ihren Klang? .................. 123
  - 10.1.1 Gängige Erklärung der Klangfarbe ................ 124
  - 10.1.2 Das Problem der Erklärung ..................... 124
  - 10.1.3 Fazit ....................................... 127
- 10.2 Warum hören wir bei Klängen die Frequenz des Grundtons? .... 128
  - 10.2.1 Grundversuch und Begriffsbestimmung ............. 128
  - 10.2.2 Vorkommen im Alltag ........................... 130
  - 10.2.3 Weiterführendes Experiment: Entfernen des Grundtons und der ersten Obertöne ........................ 131
  - 10.2.4 Ursache von Residualtönen ..................... 131
  - 10.2.5 Experimentieranleitungen zum Unterrichtseinsatz ..... 132
  - 10.2.6 Fazit ....................................... 133
- Literatur ..................................................... 133

**11 Von Glocken und Gläsern – Akustische Analysen und Modellierungen** ......................................... 135

Lutz Kasper und Patrik Vogt

- 11.1 Zwei akustische Geschwister ............................ 135
- 11.2 Glockenklang – Modellierung mithilfe eines großen Datensatzes ........................................... 137
  - 11.2.1 Was bestimmt den Klang einer Glocke? ............. 137
  - 11.2.2 Ein einfaches Modell zur akustischen Bestimmung der Größe einer Glocke ......................... 138
- 11.3 Klingende und singende Gläser ......................... 142
  - 11.3.1 Bestimmung der Schallgeschwindigkeit mithilfe von Gläsern ................................... 142
  - 11.3.2 Experimentelle Bestimmung der Resonanzfrequenz eines Weinglases .............................. 143
  - 11.3.3 Schwebungen beim Anstoßen ..................... 145
  - 11.3.4 Klangerzeugung durch Reiben von Gläsern – Die Glasharmonika ............................. 146
- Literatur ..................................................... 148

**Stichwortverzeichnis** ............................................ 151

# Herausgeber- und Autorenverzeichnis

## Über die Herausgeber

**Prof. Dr. Lutz Kasper** hat nach einem Lehramtsstudium der Fächer Physik und Mathematik an der Universität Hannover und nach einem Referendariat in Berlin als Lehrer und als Lektor in einem bildungswissenschaftlichen Verlag gearbeitet. Nach einer physikdidaktischen Promotion zum Dr. rer. nat. am Institut für Physik der Universität Potsdam hatte er eine Vertretungsprofessur für Didaktik der Physik an der Goethe-Universität Frankfurt inne und arbeitete als wissenschaftlicher Mitarbeiter an der Pädagogischen Hochschule Freiburg. Seit 2011 ist Lutz Kasper Professor für Physik und ihre Didaktik an der Pädagogischen Hochschule Schwäbisch Gmünd. Seit dieser Zeit führten ihn Gastprofessuren in die USA (Grand Valley State University, MI) und nach Kasachstan (Taraz State Pedagogical University).

Das Thema Kontextorientierung und die Beschäftigung mit Themen der Physik im Alltag begleiten seine Lehr- und Entwicklungsarbeiten sowie Publikationen als Sachbuchautor seit Längerem. ResearchGate: http://bit.ly/4dv3THC; lutz.kasper@ph-gmuend.de

**Dr. Jan Winkelmann** ist seit 2020 Juniorprofessor an der Pädagogischen Hochschule Schwäbisch Gmünd und leitet dort das Zentrum für naturwissenschaftliche Bildung. Er studierte an der Goethe-Universität Frankfurt die Fächer Physik und Geschichte für das gymnasiale Lehramt. Im Anschluss promovierte er am Institut für Didaktik der Physik der Goethe-Universität zur Lernwirksamkeit von Schüler- und Demonstrationsexperimenten. Nach seinem Zweiten Staatsexamen folgten vier Jahre, in denen er als Lehrer an einer Gesamtschule unterrichtete und als Lehrbeauftragter an der Goethe-Universität tätig war. Neben dem Einsatz digitaler Hilfsmittel im Physikunterricht wie Augmented Reality oder (generativer) Künstlicher Intelligenz zählen Fragen nach schwierigkeitserzeugenden Merkmalen im naturwissenschaftlichen Unterricht zu seinen aktuellen Forschungsschwerpunkten. Ein besonderer Fokus liegt dabei auf der Bedeutung von Idealisierungen beim Experimentieren und Modellieren für das Lernen von Physik. ResearchGate: https://t1p.de/byczy; jan.winkelmann@ph-gmuend.de

## Verzeichnis der Autorinnen und Autoren

**Martina Brandenburger** Institut für Chemie, Physik, Technik und ihre Didaktiken, Pädagogische Hochschule Freiburg, Fachrichtung Physik, Freiburg, Deutschland

**Roger Erb** Goethe-Universität Frankfurt, Institut für Didaktik der Physik, Frankfurt, Deutschland

**Gunnar Friege** Leibniz Universität Hannover, Institut für Didaktik der Mathematik und Physik, Hannover, Deutschland

**Michael Ganz** Otto-von-Guericke-Universität Magdeburg, Fakultät für Naturwissenschaften, Institut für Physik – Didaktik der Physik, Magdeburg, Deutschland

**Michael Hirth** Otto-von-Guericke-Universität Magdeburg, Fakultät für Naturwissenschaften, Institut für Physik – Didaktik der Physik, Magdeburg, Deutschland

**Lutz Kasper** Pädagogische Hochschule Schwäbisch Gmünd, Abteilung Physik, Schwäbisch Gmünd, Deutschland

**Leopold Mathelitsch** Institut für Physik, Karl-Franzens-Universität Graz, Graz, Österreich

**Andreas Müller** Faculty of Sciences, Department of Physics, and Institute of Teacher Education, University of Geneva, Genf, Schweiz

**Jens Noritzsch** RWTH Aachen University, phyphox public relations, Aachen, Deutschland

**Markus Pössel** Haus der Astronomie, Heidelberg, Deutschland

**Sebastian Staacks** RWTH Aachen University, Aachen, Deutschland

**Ivo Verovnik** Pädagogische Fakultät, Universität Maribor, Maribor, Slowenien

**Patrik Vogt** Institut für Lehrerfort- und -weiterbildung, Mainz, Deutschland

**Michael Vollmer** Department of Engineering, University of Applied Sciences Brandenburg, Brandenburg an der Havel, Deutschland

**Bianca Watzka** RWTH Aachen University, Didaktik der Physik und Technik, Aachen, Deutschland

**Jan Winkelmann** Abteilung Physik, Pädagogische Hochschule Schwäbisch Gmünd, Schwäbisch Gmünd, Deutschland

**Sarah Zloklikovits** GRg 3 Hagenmüllergasse, Wien, Österreich

# Das Huygens-Raebiger-Pendel

Martina Brandenburger

## 1.1 Problemstellung und Motivation

Folgendes Phänomen ist aus dem Alltag bekannt: Eine Jacke hängt auf einem Kleiderbügel und kann in Schwingung versetzt werden. Je nachdem, ob es sich um eine kurze Sommerjacke oder einen langen Wintermantel handelt, wird für eine Schwingung unterschiedlich viel Zeit benötigt. Aus physikalischer Sicht ergibt sich unmittelbar die Frage: Wie kann die Periodendauer der Schwingung vorhergesagt werden? Hieraus ergibt sich die weiterführende Frage: Wie lang muss ein mathematisches Pendel – also ein Fadenpendel – sein, damit es dieselbe Schwingungsdauer wie ein physikalisches Pendel – die Jacke auf dem Kleiderbügel – aufweist? Das gesuchte Pendel wird auch isochrones Pendel genannt. Mitte des 17. Jahrhunderts haben sich quasi alle Naturforscher mit dieser Frage beschäftigt, wodurch sich grundlegende Prinzipien und Ansätze der klassischen Mechanik an dieser Fragestellung herausgebildet haben (Toeplitz & Köthe, 1949 zitiert nach Raebiger, 1985). Christian Huygens hat schlussendlich eine Lösung gefunden.

Es kann vermutet werden, dass es eine einfache Lösung gibt: Die gesuchte Länge des Fadenpendels $l^*$ ist der Abstand des Schwerpunkts des physikalischen Pendels vom Aufhängepunkt $l_S$. Diese Vermutung kann im Experiment schnell widerlegt werden. Hierfür werden die Periodendauern eines am Ende aufgehängten Meterstabs ($T \approx 1,6$ s) und eines 50 cm langen Fadenpendels ($T \approx 1,4$ s) verglichen.[1] Es

---

[1] Pendelnder Meterstab und Fadenpendel im Schwerpunkt ($l = 0,50$ m) https://youtu.be/bM4NLOw1lqQ.

---

M. Brandenburger (✉)
Pädagogische Hochschule Freiburg, Institut für Chemie, Physik, Technik und ihre Didaktiken, Kunzenweg 21, Deutschland
E-Mail: martina.brandenburger@ph-freiburg.de

wird deutlich, dass die Schwingungsdauer des Fadenpendels nicht zum Meterstab passt. Die Lage des Schwerpunkts $l_S$ allein gibt somit nicht die Länge des isochronen Pendels $l^*$ an. Die von Huygens gefundene Lösung ist komplexer.

In diesem Beitrag wird die von Huygens gefundene Lösung genauer betrachtet. 1985 hat Christoph Raebiger[2] den Ansatz von Huygens veranschaulicht und Möglichkeiten zum Verständnis der Physik diskutiert (Raebiger, 1985). Insgesamt ist die Lösung des Problems des isochronen Pendels ein „Lehrstück" für wissenschaftliches Denken und genetisches Lernen nach Wagenschein. Im Folgenden wird bei der Suche nach dem isochronen Pendel zu einem (beliebigen) physikalischen Pendel der historische Weg von Huygens in der Aufarbeitung nach Raebiger (1985) dargestellt. Hierbei werden grundsätzliche Herangehensweisen der Physik (Prinzip der Zerteilung) und „Big Ideas" (Energieerhaltung) angewendet. Insgesamt handelt es sich um einen Weg an die „Quellen" von Energieansatz und Trägheitsmoment (Raebiger, 1985), aus dem sich Implikationen für das Lehren und Lernen von Physik ergeben.

## 1.2 Vorüberlegungen

### 1.2.1 Vorkenntnisse

Es wird vorausgesetzt, dass die Modellierung des freien Falls als gleichförmig beschleunigte Bewegung bekannt ist (Gl. 1.1). Wenn die Geschwindigkeit $v$ von einem frei fallenden Körper erreicht wird, wurde die Fallstrecke $s$ zurückgelegt.

$$\left. \begin{array}{r} s = \dfrac{1}{2} \cdot g \cdot t^2 \\ v = g \cdot t \end{array} \right\} s = \dfrac{v^2}{2g} \qquad (1.1)$$

Die Periodendauer eines mathematischen Pendels der Länge $l$ aus der Differenzialgleichung der Bewegung (für kleine Winkel; Gl. 1.2) ist nicht erforderlich.

$$T = 2\pi \sqrt{\dfrac{l}{g}} \qquad (1.2)$$

---

[2] Professor Christoph Raebiger (geb. 1927) studierte die Fächer Mathematik und Physik auf höheres Lehramt. Nach einer Zeit im Schuldienst wurde er 1965 als Professor für Didaktik der Naturlehre an der Pädagogischen Hochschule Hagen/Westfalen berufen. Zuletzt lehrte Raebiger an der Technischen Universität Dortmund Physikdidaktik und wurde 1992 emeritiert. Raebigers Wirken war maßgeblich durch den persönlichen Kontakt und die Arbeiten von Martin Wagenschein geprägt. Unter anderem verfasste Raebiger Lehrbücher und setzte sich für ein genetisch, sokratisch und exemplarisch orientiertes Vorgehen im Unterricht ein (Raebiger, 2009).

Wichtig ist jedoch, warum (wie beim freien Fall) die Masse $m$ keine Rolle für die Periodendauer des mathematischen Pendels spielt: Der Antrieb durch die Gravitation („schwere Masse") und die Trägheit („träge Masse") gleichen sich aus.

### 1.2.2 Elementarpendel

Die Betrachtung zur Findung der Länge des isochronen Pendels an einem beliebigen physikalischen Pendel basiert auf einer Grundidee, die in der Physik häufig zur Anwendung kommt. Ein unbekanntes Ganzes wird in etwas Elementares und Bekanntes zerlegt. Das physikalische Pendel, über dessen isochrones Pendel man noch wenig sagen kann (Abb. 1.1, links) wird durch miteinander verbundene mathematische Pendel, sogenannte Elementarpendel, dargestellt (Abb. 1.1, rechts). Hierbei sind Längen der Elementarpendel so gewählt, dass längere Pendel immer ein ganzzahliges Vielfaches der Länge $l$ des ersten Pendels sind.

### 1.2.3 Exponat

1995 wurde von Helmut Mikelskis ein Prototyp eines Pendels gebaut (Abb. 1.2, links), das beide Aspekte miteinander verbindet (Mikelskis & Seifert, 1995). Das Pendel kann verbunden als ein Ganzes schwingen (Abb. 1.2, Mitte) und zerlegt als „Elementarpendel" (Abb. 1.2, rechts).

Der Prototyp des Huygens-Raebiger-Pendels kann dazu genutzt werden, am tatsächlichen Phänomen Beobachtungen durchzuführen. Es ist zu beobachten, dass alle Pendel mit der gleichen Periodendauer schwingen, solange die Pendel miteinander verbunden sind (Abb. 1.2, Mitte).[3] Werden die Pendel voneinander gelöst (Abb. 1.2, rechts), so schwingen kurze Elementarpendel schneller und lange Elementarpendel langsamer.[4] Auf das ganze, verbundene Pendel bezogen bedeutet dies, dass kurze

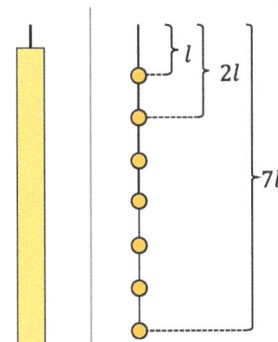

**Abb. 1.1** Zerlegung eines physikalischen Pendels (links) in Elementarpendel (rechts)

---

[3] Huygens-Raebiger-Pendel als verbundene Pendel https://youtu.be/7ASEwG2Ynew.
[4] Huygens-Raebiger-Pendel als gelöste Pendel https://youtu.be/XhCTRCLnQs8.

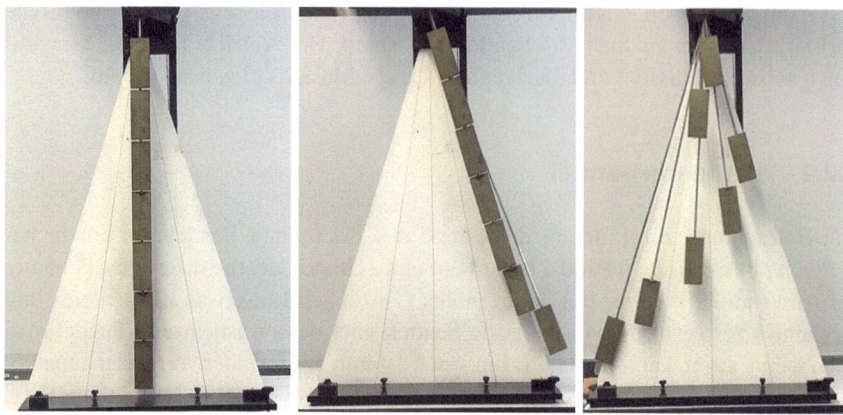

**Abb. 1.2** Prototyp des Huygens-Raebiger-Pendels von Helmut Mikelskis

Elementarpendel die gemeinsame Bewegung „drängen" und lange Elementarpendel die Bewegung „verzögern". Durch die starren Verbindungen des ganzen Pendels (innere Kräfte) werden die Elementarpendel jedoch zusammengehalten.

Wenn es Elementarpendel gibt, die „drängen", und welche, die „verzögern", so muss es ein Elementarpendel geben, dass dies nicht tut, das isochrone Elementarpendel. Die Länge des isochronen Pendels wird als „reduzierte Pendellänge" bezeichnet, der dazugehörige Ort als der „Schwingungsmittelpunkt". Es handelt sich hierbei gerade nicht um den Schwerpunkt.

Die Länge des isochronen Pendels kann durch Messung einfach bestimmt werden. Hierzu wird die Periodendauer des Huygens-Raebiger-Pendels gemessen und mit Gl. 1.2 die Länge des dazugehörigen mathematischen Pendels bestimmt. Wird ein physikalisches Pendel in Elementarpendel zerlegt, so muss eines der Elementarpendel das isochrone Pendel sein. Beim siebenteiligen Pendel ist das fünfte Pendel das isochrone Pendel.[5] Das eigentliche Ziel der Überlegungen ist nun herauszufinden, warum genau diese Pendellänge der Länge des isochronen Pendels entspricht. Der Weg dorthin wird eine Brücke schlagen zwischen der unbekannten Bewegung starr verbundener Elementarpendel und der bekannten Bewegung einzelner Elementarpendel. Damit hat sich auch Huygens beschäftigt.

Huygens fragte sich, was passieren würde, wenn der Zusammenhalt der Elementarpendel plötzlich aufgehoben wird. Die verbundenen Pendel werden aus einer gewissen Auslenkung losgelassen. Im Nulldurchgang wird die Verbindung der Pendel gelöst.[6] Es ist zu beobachten, dass alle Elementarpendel mit unterschiedlicher Periodendauer schwingen. Darüber hinaus kann betrachtet werden, welche maximale Höhe die Pendel nach dem Lösen der Verbindung erreichen, die „Steighöhe". Die Steighöhe wird mit der Höhe, aus der die Pendel starten, verglichen. Es ist zu

---

[5] Huygens-Raebiger-Pendel und Fadenpendel auf Höhe des fünften Elementarpendels https://youtu.be/bPSR7eX3Mpg.

[6] Huygens-Raebiger-Pendel: Verbindung im Nulldurchgang gelöst https://youtu.be/Q_l4h4sBE8g.

# 1 Das Huygens-Raebiger-Pendel

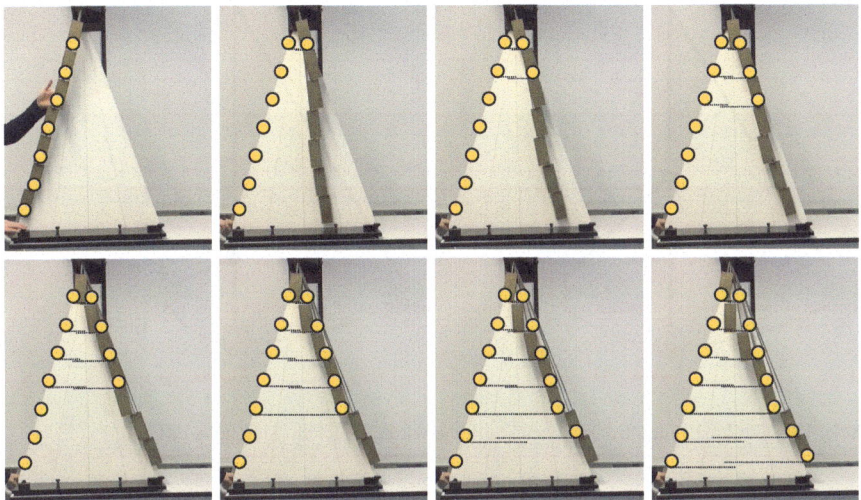

**Abb. 1.3** Vergleich der Starthöhe und Steighöhe, wenn die Verbindung der Pendel im Nulldurchgang gelöst wird

beobachten, dass sich die Steighöhe der Pendel von der Starthöhe unterscheidet (Abb. 1.3). Kurze Pendel schwingen weniger hoch. Das fünfte Pendel schwingt genauso hoch. Lange Pendel schwingen höher.

## 1.2.4 Galilei-Pendel

Mit der Steighöhe von Pendeln auf unterschiedlichen Bahnen hat sich bereits Galilei beschäftigt. Huygens waren diese Forschungsergebnisse bekannt – Pendel, die aus der gleichen Ausgangshöhe starten, erreichen immer dieselbe Höhe, egal welche Bahn dazu vollzogen wird (Abb. 1.4).

Dies liegt daran, dass die Pendel bei gleicher Ausgangshöhe im Nulldurchgang die gleiche Geschwindigkeit $v$ besitzen (Gl. 1.3). Die Betrachtung folgt der Logik des freien Falls (Gl. 1.1), nur umgekehrt: Eine gleiche Geschwindigkeit $v$ führt zur gleichen Steighöhe.

$$\text{Steighöhe}: \frac{v^2}{2g} \tag{1.3}$$

## 1.2.5 Schwerpunkt

Die Erkenntnisse zur Steighöhe am Exponat können wie folgt zusammengefasst werden (Abb. 1.5). Kürzere Elementarpendel verlieren etwas an Steighöhe. Längere Elementarpendel gewinnen etwas an Steighöhe. Verlust und Gewinn an Steighöhe

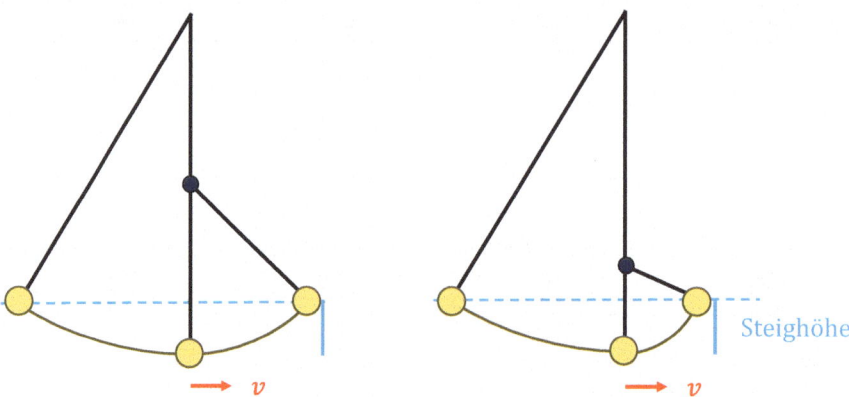

**Abb. 1.4** Galilei-Pendel. Bei gleicher Starthöhe wird die gleiche Steighöhe erreicht

**Abb. 1.5** Vergleich von Starthöhe und Steighöhe am siebenteiligen Pendel (Darstellung übertrieben)

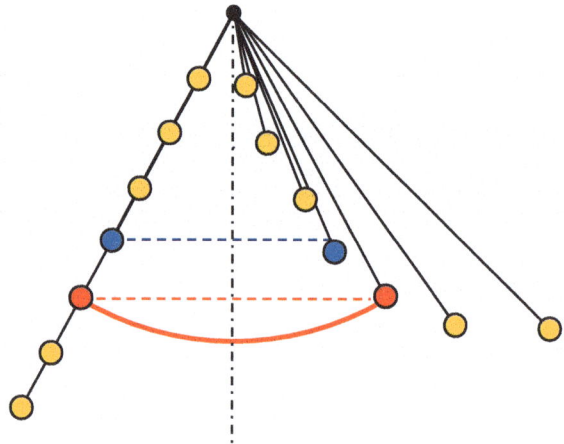

müssen gleich groß sein (Energieerhaltung). Damit die Energieerhaltung erfüllt ist, muss der Schwerpunkt aller Elementarpendel genauso hoch steigen, wie er herabgesunken ist. Hieraus ergibt sich auf den ersten Blick ein scheinbarer Widerspruch.

Der Energieerhaltung nach ist zu erwarten, dass der Schwerpunkt (Abb. 1.5, blau) wieder die ursprüngliche Höhe erreicht. Genau das kennzeichnet den Schwingungsmittelpunkt des isochronen Elementarpendels (Abb. 1.5, rot). Aber wie bekannt ist, entspricht die Lage des Schwerpunkts nicht der Lage des Schwingungsmittelpunkts. Mit dieser Überlegung wurde jedoch eine wichtige Voraussetzung der beobachteten Schwingung unterschlagen. Die Elementarpendel sind nicht starr miteinander verbunden. Im Umkehrpunkt bilden die Elementarpendel einen Bogen (Abb. 1.5). Wir müssen den Schwerpunkt dieses Bogens betrachten, der außerhalb der Kette liegt. Der Schwerpunkt liegt somit genau auf der gleichen Höhe wie beim Start und der scheinbare Widerspruch kann aufgelöst werden.

## 1.2.6 Geschwindigkeit und Steighöhe

Aus den Erkenntnissen mit dem Exponat und dem Galilei-Pendel kann ein Zusammenhang von Steighöhe und Geschwindigkeit aufgestellt werden. Elementarpendel steigen aufgrund der Geschwindigkeit $v_i$, die sie als ein Pendel im Nulldurchgang haben, bis die kinetische (Geschwindigkeit im Nulldurchgang) vollständig in potenzielle Energie (Steighöhe) umgewandelt ist (Gl. 1.3).

Wenn man die Geschwindigkeit $v_i$ im Nulldurchgang jedes Elementarpendels kennt, könnte man für jedes Elementarpendel die Steighöhe ausrechnen. Da die Elementarpendel starr miteinander verbunden sind, ist $v_i$ im Nulldurchgang nicht durch die Differenz zur Starthöhe gegeben. Durch die starre Verbindung ergibt sich aber: Alle Elementarpendel haben die gleiche Winkelgeschwindigkeit $\omega$. Je länger das Elementarpendel $l_i$, desto größer die Geschwindigkeit im Nulldurchgang $v_i$ (Gl. 1.4).

$$v_i = \omega \cdot l_i \qquad (1.4)$$

Kennt man die Winkelgeschwindigkeit $\omega$, so kann man die Geschwindigkeit $v_i$ im Nulldurchgang und damit Steighöhe für alle Elementarpendel bestimmen. Nachdem die Grundlagen geklärt wurden, kann für das siebenteilige Pendel eine Lösung gefunden werden.

## 1.3 Berechnung beim siebenteiligen Pendel

### 1.3.1 Darstellung über Elementarpendel

Das erste Pendel hat die Masse $m$ und die Länge $l$. Alle weiteren Pendel haben die gleiche Masse $m$ und die Längen der weiteren Elementarpendel sind ganzzahlige Vielfache der Länge des ersten Pendels (Längenfaktor $\lambda_i$; Abb. 1.6). Durch die geschickte Wahl der Pendellängen können für das siebenteilige Pendel Aussagen über die Falltiefe $h_i$, die Geschwindigkeit im Nulldurchgang $v_i$ und die sich daraus ergebende Steighöhe getroffen werden (Tab. 1.1).

Pendel 1 hat – je nach anfänglicher Auslenkung – eine Falltiefe von $h$. Da die weiteren Elementarpendel ganzzahlige Vielfache von Pendel 1 lang sind, ergibt sich, dass die weiteren Falltiefen $h_i$ entsprechende ganzzahlige Vielfache der Falltiefe von Pendel 1 sind (Tab. 1.1, dritte Spalte von links).

Pendel 1 hat im Nulldurchgang eine Geschwindigkeit $v$. Da bis zum Nulldurchgang alle Elementarpendel starr miteinander verbunden sind, haben alle Elementarpendel im Nulldurchgang die gleiche Winkelgeschwindigkeit $\omega$. Aus Gl. 1.4 ergibt sich die Geschwindigkeit aller Elementarpendel $v_i$, abhängig von der Länge $l_i$ der Elementarpendel (Tab. 1.1, vierte Spalte von links). Deshalb sind die Geschwindigkeiten aller weiteren Elementarpendel $v_i$ ganzzahlige Vielfache der Geschwindigkeit $v$ von Pendel 1.

Die Steighöhe eines Elementarpendels, nachdem im Nulldurchgang die starre Verbindung gelöst wurde, ergibt sich aus Gl. 1.3 abhängig von $v_i$. Man sieht, dass

**Abb. 1.6** Darstellung des siebenteiligen Pendels über Elementarpendel

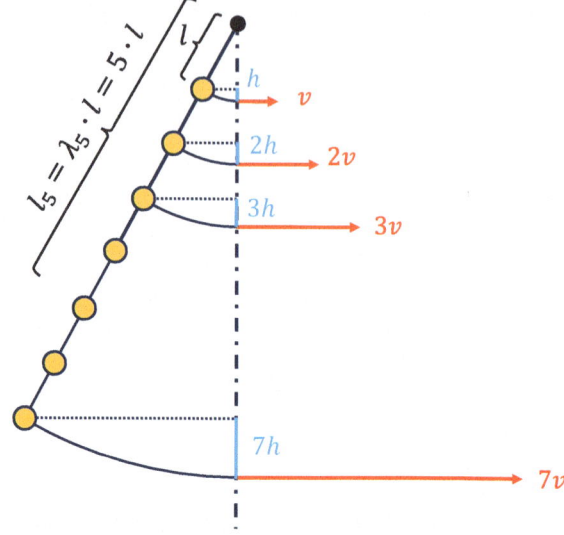

**Tab. 1.1** Zusammenhang zwischen Pendellänge, Falltiefe, Geschwindigkeit und Steighöhe beim siebenteiligen Pendel

| Pendel | Länge $l_i$ | Falltiefe $h_i$ | Geschwindigkeit $v_i = \omega \cdot l_i$ | Steighöhe $v_i^2/2g$ |
|---|---|---|---|---|
| 1 | $l$ | $h$ | $v$ | $1 \cdot v^2/2g$ |
| 2 | $2l$ | $2h$ | $2v$ | $4 \cdot v^2/2g$ |
| ... | ... | ... | ... | ... |
| 7 | $7l$ | $7h$ | $7v$ | $49 \cdot v^2/2g$ |

Massen $m$: $\sum m = 7m$
Länge Elementarpendel: $l_i = \lambda_i \cdot l$; $\lambda_i$ von 1 bis 7
Falltiefe $h_i$ proportional zu $l_i$: $h_i = \lambda_i \cdot h$
Geschwindigkeit $v_i$ proportional zu $l_i$: $v_i = \lambda_i \cdot v$

die Steighöhe nun quadratisch zunimmt (Tab. 1.1, fünfte Spalte von links), was erklärt, warum lange Elementarpendel höher steigen als kurze.

### 1.3.2 Bewegung des Schwerpunkts

Als nächstes wird die Bewegung des Schwerpunkts betrachtet. Jedes der Elementarpendel bringt durch die Falltiefe einen Höhenverlust (und damit eine Zunahme der kinetischen Energie) mit. Die gesamte Falltiefe entspricht $\sum h_i = h + 2h + 3h + \ldots + 7h = 28h$. Im Mittel fällt ein Elementarpendel nach Gl. 1.5 die Strecke $4h$. Es handelt sich hierbei um die Falltiefe des Schwerpunkts, was zu erwarten war, da das Pendel bis zum Nulldurchgang starr ist.

$$\frac{\sum h_i}{7} = \frac{h + 2h + \ldots + 7h}{7} = \frac{28h}{7} = 4h \qquad (1.5)$$

Analog kann die mittlere Steighöhe der Elementarpendel betrachtet werden. Im Mittel steigt ein Elementarpendel nach Gl. 1.6 die Strecke $20\frac{v^2}{2g}$.

$$\frac{\sum \frac{v_i^2}{2g}}{7} = \frac{1\frac{v^2}{2g} + 4\frac{v^2}{2g} + \ldots + 49\frac{v^2}{2g}}{7} = \frac{140\frac{v^2}{2g}}{7} = 20\frac{v^2}{2g} \qquad (1.6)$$

### 1.3.3 Energieerhaltung des Schwerpunkts

Die Falltiefe und die Steighöhe können für den Schwerpunkt zusammengebracht werden. Aufgrund der Energieerhaltung muss die Falltiefe des Schwerpunkts gleich der Steighöhe des Schwerpunkts sein. Somit gilt Gl. 1.7.

mittlere Falltiefe = mittlere Steighöhe

$$4h = 20\frac{v^2}{2g} \qquad (1.7)$$

Aus Gl. 1.7 wird die Geschwindigkeit $v$ von Pendel 1 im Nulldurchgang festgelegt (Gl. 1.8).

$$v^2 = \frac{2}{5}gh \qquad (1.8)$$

### 1.3.4 Bewegung des Schwingungsmittelpunkts

Analog zur Betrachtung von Falltiefe und Steighöhe des Schwerpunkts kann die Bewegung des Schwingungsmittelpunkts betrachtet werden. Für den Schwingungsmittelpunkt gilt gleichermaßen Falltiefe = Steighöhe. Unbekannt ist jedoch die Länge $l^*$ des isochronen Elementarpendels. Die Länge $l^*$ sollte aber genau wie alle anderen Längen der Elementarpendel ein Vielfaches der Länge $l$ von Pendel 1 sein: $l^* = \lambda^* \cdot l$. $\lambda^*$ ist der Längenfaktor des isochronen Pendels. Somit lässt sich Tab. 1.1 um eine Zeile für das isochrone Pendel ergänzen (Tab. 1.2).

**Tab. 1.2** Zusammenhang zwischen Pendellänge, Falltiefe, Geschwindigkeit und Steighöhe beim isochronen Pendel

| Pendel | Länge $l_i$ | Falltiefe $h_i$ | Geschwindigkeit $v_i = \omega \cdot l_i$ | Steighöhe $v_i^2/2g$ |
|---|---|---|---|---|
| Isochrones | $l^* = \lambda^* \cdot l$ | $\lambda^* \cdot h$ | $\lambda^* \cdot v$ | $\lambda^{*2} \cdot v^2/2g$ |

## 1.3.5 Zusammenführung von Schwerpunkt und Schwingungsmittelpunkt

Für den Schwingungsmittelpunkt gilt Falltiefe = Steighöhe, die mit den Überlegungen aus Tab. 1.2 gleichgesetzt werden können (Gl. 1.9):

$$\text{Falltiefe} = \text{Steighöhe}$$

$$\lambda^* \cdot h = \lambda^{*2} \cdot v^2 / 2g \tag{1.9}$$

Die Geschwindigkeit $v$ von Pendel 1 ist aus der Bewegung des Schwerpunkts (Gl. 1.8) bekannt und kann eingesetzt werden und man erhält einen Wert für den Längenfaktor $\lambda^*$ des isochronen Pendels.

$$\lambda^* = \frac{2gh}{v^2}$$

$$\lambda^* = 5 \tag{1.10}$$

Nach Gl. 1.10 ist die gesuchte Länge des isochronen Pendels $l^* = \lambda^* \cdot l = 5l$ und somit, wie im Experiment zu sehen war, die Länge des fünften Pendels.

## 1.4 Allgemeines physikalisches Pendel

Basierend auf den Überlegungen zum siebenteiligen Pendel kann eine Erweiterung des Ansatzes auf das allgemeine physikalische Pendel vorgenommen werden.

### 1.4.1 Darstellung über Elementarpendel

Auch eine beliebige Form kann über Elementarpendel dargestellt werden (Abb. 1.7). Da bei einem allgemeinen physikalischen Pendel die Masse nicht nur untereinander, sondern auch nebeneinander verteilt ist, haben die Elementarpendel unterschiedliche Massen $m_i$, die alle zusammen die Gesamtmasse $\sum m_i = M$ ergeben. Auch beim allgemeinen physikalischen Pendel wird ein „Pendel 1" festgelegt, dass die Masse $m$ und die Länge $l$ besitzt, eine Falltiefe von $h$ und die Geschwindigkeit $v$ im Nulldurchgang aufweist.

Die Länge aller anderen Elementarpendel kann als nun beliebiges Vielfaches von Pendel 1 mit entsprechendem Längenfaktor $\lambda_i$ angegeben werden: $l_i = \lambda_i \cdot l$. Die Anhebung und die sich daraus ergebende Falltiefe $h_i$ sind nicht mehr proportional zum Abstand zum Drehpunkt, sondern hängen auch von der Entfernung zur Vertikalen ab. Die verschiedenen Geschwindigkeiten aller Elementarpendel bleiben durch den Bezug zur konstanten Winkelgeschwindigkeit $\omega$ mit $v_i = \lambda_i \cdot v$ jedoch überschaubar.

# 1 Das Huygens-Raebiger-Pendel

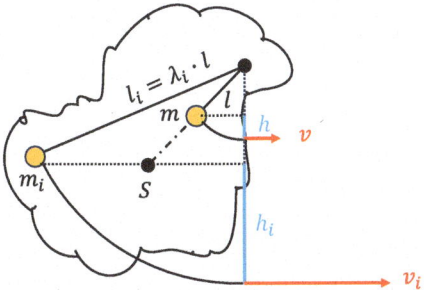

**Abb. 1.7** Darstellung des allgemeinen physikalischen Pendels über Elementarpendel; Massen $m_i$ auch nebeneinander und ggf. unterschiedlich schwer: $\sum m_i = M$; Länge Elementarpendel: $l_i = \lambda_i \cdot l$; Falltiefe $h_i$ nicht mehr proportional zu $l_i$; Geschwindigkeit $v_i$ proportional zu $l_i$: $v_i = \lambda_i \cdot v$

## 1.4.2 Bewegung des Schwerpunkts

Wie bereits beim siebenteiligen Pendel kann die Falltiefe aller Pendel betrachtet werden. Jedes der Elementarpendel bringt einen Höhenverlust $h_i$ mit, hierbei muss die Masse $m_i$ der Elementarpendel im Sinne einer potenziellen Energie berücksichtigt werden: $\sum m_i \cdot h_i$. Hieraus ergibt sich die mittlere Falltiefe $h_s$ (Gl. 1.11).

$$h_s = \frac{\sum m_i \cdot h_i}{M} = \frac{m_1 \cdot h_1 + m_2 \cdot h_2 + \ldots + m_i \cdot h_i}{m_1 + m_2 + \ldots + m_i} \quad (1.11)$$

Gl. 1.11 ist analog zu Gl. 1.5 zu sehen. Beim siebenteiligen Pendel wurden die Massen nicht explizit berücksichtigt, da jeweils $m_i = 1m$, aber insgesamt wurde durch $\sum m = 7m$ geteilt.

Die mittlere Steighöhe der Elementarpendel unter Berücksichtigung der Masse ergibt sich mithilfe der Geschwindigkeit im Nulldurchgang basierend auf Gl. 1.3 analog (Gl. 1.12). Auch hier handelt es sich um das gleiche Vorgehen wie beim siebenteiligen Pendel in Gl. 1.6.

$$\frac{\sum m_i \cdot \frac{v_i^2}{2g}}{M} = \frac{m_1 \cdot \frac{v_1^2}{2g} + m_2 \cdot \frac{v_2^2}{2g} + \ldots + m_i \cdot \frac{v_i^2}{2g}}{m_1 + m_2 + \ldots + m_i} \quad (1.12)$$

## 1.4.3 Energieerhaltung des Schwerpunkts

Wie bereits beim siebenteiligen Pendel ist für den Schwerpunkt bekannt, dass aufgrund der Energieerhaltung die Falltiefe des Schwerpunkts gleich seiner Steighöhe ist. Somit gilt, dass die mittlere Falltiefe (Gl. 1.11) und die mittlere Steighöhe (Gl. 1.12) gleichgesetzt werden können (Gl. 1.7).

$$\text{mittlere Falltiefe} = \text{mittlere Steighöhe}$$

$$h_s = \frac{\sum m_i \cdot \frac{v_i^2}{2g}}{M} \qquad (1.13)$$

Formt man den Zusammenhang in Gl. 1.13 um, erhält man den Satz über die Äquivalenz der potenziellen und kinetischen Energie losgelöst vom speziellen Problem der Suche nach dem isochronen Pendel (Gl. 1.14). Dies ist besonders bemerkenswert, da in der Herleitung zwar die Idee der Energieerhaltung berücksichtigt wurde, jedoch die Gleichungen nicht explizit verwendet wurden.

$$M \cdot g \cdot h_s = \sum \tfrac{1}{2} m_i \cdot v_i^2$$
potenzielle Energie = kinetische Energie $\qquad (1.14)$

Die Energieerhaltung aus Gl. 1.14 für die Bewegung des Schwerpunkts kann nun noch konkret auf das Pendel 1 bezogen werden. Der Abstand des Schwerpunkts von der Aufhängung $l_s$ ist wie die Längen aller Elementarpendel ein Vielfaches der Länge $l$ von Pendel 1: $l_s = \lambda_s \cdot l$. Da der Schwerpunkt in einer Linie mit Pendel 1 liegt (Abb. 1.7), gilt wieder ein proportionaler Zusammenhang zwischen der Falltiefe $h$ von Pendel 1 und der Falltiefe $h_s$ des Schwerpunkts: $h_s = \lambda_s \cdot h$. Zudem ist bekannt, dass die Geschwindigkeiten aller Elementarpendel im Nulldurchgang über den Längenfaktor $\lambda_i$ von der Geschwindigkeit $v$ von Pendel 1 abhängen: $v_i = \lambda_i \cdot v$. Für den Schwerpunkt kann damit der Zusammenhang in Gl. 1.15 aufgestellt werden.

$$M \cdot g \cdot \lambda_s \cdot h = \frac{1}{2} v^2 \sum m_i \cdot \lambda_i^2$$

$$\frac{2gh}{v^2} = \frac{\sum m_i \cdot \lambda_i^2}{M \cdot \lambda_s} \qquad (1.15)$$

### 1.4.4 Bewegung des Schwingungsmittelpunkts

Analog kann Gl. 1.14 auf den Schwingungsmittelpunkt angewendet werden. Der Abstand des Schwingungsmittelpunkts von der Aufhängung $l^*$ ist wie die Längen aller Elementarpendel ein Vielfaches der Länge $l$ von Pendel 1: $l^* = \lambda^* \cdot l$. Da der Schwingungsmittelpunkt in einer Linie mit Pendel 1 liegt, gilt für die Falltiefe des Schwingungsmittelpunkts $\lambda^* \cdot h$. Die Geschwindigkeit des Schwingungsmittelpunkts im Nulldurchgang hängt über den Längenfaktor $\lambda^*$ von der Geschwindigkeit $v$ ab: $v^* = \lambda^* \cdot v$. Für den Schwingungsmittelpunkt kann somit der Zusammenhang in Gl. 1.16 aufgestellt werden.

$$m^* \cdot g \cdot \lambda^* \cdot h = \frac{1}{2} v^2 \cdot m^* \cdot \lambda^{*2}$$

$$\frac{2gh}{v^2} = \lambda^* \qquad (1.16)$$

1 Das Huygens-Raebiger-Pendel

## 1.4.5 Zusammenführung von Schwerpunkt und Schwingungsmittelpunkt

Wie zu sehen, steht in Gl. 1.15 und Gl. 1.16 auf der linken Seite jeweils der gleiche Ausdruck, weshalb die rechten Seiten gleichgesetzt werden können.

$$\lambda^* = \frac{\sum m_i \cdot \lambda_i^2}{M \cdot \lambda_s} \qquad (1.17)$$

Man erhält mit Gl. 1.17 einen Ausdruck für den Längenfaktor $\lambda^*$ des isochronen Pendels. Es handelt sich hierbei um das gleiche Ergebnis wie in Gl. 1.10 zum siebenteiligen Pendel, was gezeigt werden kann, indem die Werte zum siebenteiligen Pendel in Gl. 1.17 eingesetzt werden: $m_i = 1m$, $M = 7m$, $\lambda_s = 4$, $\lambda_i$ von 1 bis 7 (Gl. 1.18).

$$\lambda^* = \frac{\sum 1m \cdot \lambda_i^2}{7m \cdot 4} = \frac{140}{28} = 5 \qquad (1.18)$$

Abschließend kann ergänzend zum Längenfaktor $\lambda^*$ die reduzierte Pendellänge $l^*$ für das allgemeine physikalische Pendel bestimmt werden. Hierzu setzt man in die Beziehung zwischen Pendel 1 und dem isochronen Pendel $l^* = l \cdot \lambda^*$ den Längenfaktor $\lambda^*$ aus Gl. 1.17 ein. Zusätzlich wird mit der Länge von Pendel 1 $l$ erweitert.

$$l^* = \frac{l^2}{l} \cdot \frac{\sum m_i \cdot \lambda_i^2}{M \cdot \lambda_s} \qquad (1.19)$$

Abschließend wird die Länge eines Elementarpendels $l_i = l \cdot \lambda_i$ bzw. des Schwerpunktpendels $l_s = l \cdot \lambda_s$, ausgedrückt durch die jeweiligen Längenfaktoren, eingesetzt (Gl. 1.20).

$$l^* = \frac{\sum m_i \cdot l_i^2}{M \cdot l_s} \qquad (1.20)$$

## 1.4.6 Zusammenfassung

Gl. 1.20 beschreibt, wie aus der Massenverteilung des allgemeinen physikalischen Pendels auf die Lage des Schwingungsmittelpunkts geschlossen werden kann. Verfeinert man die Zerteilung des physikalischen Pendels in Elementarpendel immer weiter, kommt man schlussendlich zur Integralform in Gl. 1.21, wobei im Zähler der Abstand vom Aufhängpunkt $x$ über die Masse integriert wird.

$$l^* = \frac{\int x^2 dm}{M \cdot l_s} \qquad (1.21)$$

Der im Zähler befindliche Ausdruck $\int x^2 dm$ ist das Trägheitsmoment $I$ des physikalischen Pendels, anschaulich gesprochen das Trägheitsverhalten des Pendels. Der

Ausdruck $M \cdot l_s$ im Nenner als Produkt aus Gesamtmasse und Abstand des Schwerpunkts vom Aufhängepunkt ist in Analogie zum Drehmoment zu sehen: Je weiter der Schwerpunkt von der Aufhängung entfernt ist, desto größer ist der Antrieb der Schwingung. Im Unterschied zur am Anfang diskutierten Schwingungsdauer eines mathematischen Pendels gleichen sich der Antrieb und die Trägheit nicht aus, weshalb für die Schwingungsdauer eines physikalischen Pendels die Masse eine Rolle spielt.

Setzt man Gl. 1.21 in die Schwingungsdauer des mathematischen Pendels (Gl. 1.2) ein, ergibt sich die Formel für die Periodendauer eines physikalischen Pendels (Gl. 1.22), so wie sie aus der Differenzialgleichung der Bewegung (für kleine Winkel) hergeleitet werden kann.

$$T = 2\pi \sqrt{\frac{l^*}{g}} = 2\pi \sqrt{\frac{I}{gMl_s}} \tag{1.22}$$

Die Gültigkeit des Zusammenhangs in Gl. 1.21 kann auch experimentell mit dem zu Beginn angesprochenen, an einem der Enden aufgehängten Meterstab untermauert werden. Der Meterstab wird als linienförmige Massenverteilung der Länge $l$ interpretiert. Das Trägheitsmoment $I$ einer am Ende aufgehängten, linienförmigen Massenverteilung beträgt $1/3 Ml^2$. Die Herleitung, unter Berücksichtigung einer homogenen Verteilung der Gesamtmasse $M$ auf die Länge $l$ ($dm/dx = M/l$) mit Aufhängung bei $x = 0$ erfolgt über Gl. 1.23.

$$I = \int x^2 dm = \int_0^l \frac{M}{l} x^2 dx = \frac{1}{3} \frac{M}{l} x^3 \Big|_0^l = \frac{1}{3} Ml^2 \tag{1.23}$$

Der Schwerpunkt liegt in der Mitte der Massenverteilung, weshalb $l_s = l/2$. Hieraus ergibt sich als reduzierte Pendellänge $l^*$ für einen Stab der Länge $l = 1$ m (Gl. 1.24).

$$l^* = \frac{\int x^2 dm}{M \cdot l_s} = \frac{1/3 Ml^2}{M \cdot l/2} = \frac{2}{3} l \approx 0{,}67 \,\mathrm{m} \tag{1.24}$$

Vergleicht man nun die Periodendauer des aufgehängten Meterstabs ($T \approx 1{,}6$ s) mit der eines Fadenpendels der Länge 0,67 m ($T \approx 1{,}6$ s), wird deutlich, dass die Periodendauern zueinander passen und das isochrone Pendel gefunden wurde.[7]

## 1.5 Ausblick auf didaktische Implikationen

Eine Beschäftigung mit dem Huygens-Raebiger-Pendel kann sowohl aus einer fachdidaktischen als auch einer fachlichen Perspektive geschehen. Aus fachdidaktischer Perspektive ermöglicht das Huygens-Raebiger-Pendel eine Verdeutlichung des genetischen Ansatzes nach Wagenschein (Wagenschein, 1995). Der ge-

---

[7] Pendelnder Meterstab und Fadenpendel ($l = 0{,}67$m) https://youtu.be/rQQLn5t4YdE.

samte Prozess – vom Naturphänomen zum komplexen Ganzen, die Zerteilung in lösbare Einzelprobleme, die wieder zum Ganzen zusammengesetzt werden – stellt ein beispielhaftes Vorgehen nach Wagenschein dar. Die Darstellung ermöglicht eine tiefergreifende Analyse des Lerngegenstands, indem die inneren Strukturen des Themas verstanden werden können (logisch-genetischer Aspekt). Durch das Huygens-Raebiger-Pendel kann ein „Weg an die Quelle" des Energieansatzes und des Trägheitsmoments nachvollzogen werden (Raebiger, 1985). Zusätzlich handelt es sich bei der Suche nach dem isochronen Pendel um eine zentrale Problemstellung des 17. Jahrhunderts, anhand derer sich durch die Arbeiten von Huygens Grundlagen der Konzepte der Mechanik entwickelt haben (historisch-genetischer Aspekt).

Aus fachlicher Perspektive steht die eigentliche Problemstellung, die Suche nach dem isochronen Pendel, im Fokus. Hierbei werden zentrale Herangehensweisen der Physik („Big Ideas"), insbesondere die Anwendung der Energieerhaltung, als zentrales Konzept und die Anwendung einer „Zerteilung" als Lösungsansatz deutlich, was auch zu einer Förderung des wissenschaftlichen Denkens (Raebiger, 1985) und der Wahrnehmung von Kohärenz innerhalb der Physik (Oettle et al., 2019) beiträgt. Als Erweiterung könnten Videoanalysen von Bewegungen durchgeführt werden, um experimentell theoretische Vorhersagen, z. B. zur Steighöhe der einzelnen Pendel oder zur Modellierung der Bewegung als harmonische Schwingung (Brandenburger et al., 2011), zu prüfen.

Zusammengefasst eignet sich eine Behandlung des Huygens-Raebiger-Pendels insbesondere im Rahmen der Ausbildung von Physiklehrkräften zur Vermittlung von fachdidaktischen Lerninhalten in einem fachwissenschaftlichen Rahmen. Lehramtsstudierende können anhand einer fachlich „unverbrauchten" Problemstellung (Suche nach dem isochronen Pendel) aus fachdidaktischer Perspektive den genetischen Ansatz nach Wagenschein selbst erleben. Da die Lösung nicht zum gängigen Vorwissen der fachlichen Ausbildung gehört, hebt sich das Huygens-Raebiger-Pendel von anderen Beispielen zur Verdeutlichung des Vorgehens nach Wagenschein ab (z. B. zum Fallgesetz) und erlaubt den Studierenden eine authentische Lernerfahrung von fachlichen Inhalten, um darüber mit fachdidaktischen Konzepten vertraut zu werden.

Ebenfalls ist ein Einsatz in der gymnasialen Oberstufe denkbar, indem ein komplexeres Phänomen (Schwingung eines physikalischen Pendels) unter Nutzung bekannter Theorien aufgearbeitet werden kann. Zudem werden im Rahmen der Beschäftigung mit dem Huygens-Raebiger-Pendel wiederkehrende Basiskonzepte der Physik (vgl. Kultusministerkonferenz, 2020) auf besondere Weise deutlich gemacht – z. B. die Formulierung der Energieerhaltung (auf Basis einfacher Vorüberlegungen) oder die Mathematisierung zum Treffen von Vorhersagen (Bestimmung der Länge des isochronen Pendels).

## Literatur

Brandenburger, M., Mikelskis-Seifert, S., & Kasper, L. (2011). *Nicht-harmonische Schwingungen am Huygens-Raebiger Pendel. PhyDid B – Didaktik Der Physik – Beiträge Zur DPG-Frühjahrstagung.* https://ojs.dpg-physik.de/index.php/phydid-b/article/view/261. Zugegriffen am 06.03.2024.

Kultusministerkonferenz (Hrsg.). (2020). *Beschlüsse der Kultusministerkonferenz: Bildungsstandards im Fach Physik für die Allgemeine Hochschulreife.* Beschluss vom 18.06.2020. https://www.kmk.org/fileadmin/Dateien/veroeffentlichungen_beschluesse/2020/2020_06_18-BildungsstandardsAHR_Physik.pdf. Zugegriffen am 06.08.2024.

Mikelskis, H., & Seifert, S. (1995). Nochmals: Das „Huygens-Raebiger-Pendel" – nun real gebaut, und wie Studenten es verstehen. In H. Behrendt (Hrsg.), *Zur Didaktik der Physik und Chemie – Probleme und Perspektiven* (S. 204–206). Alsbach.

Oettle, M., Brandenburger, M., Mikelskis-Seifert, S., & Schwichow, M. (2019). Schaffung vertikaler und horizontaler Kohärenz in der Lehrerbildung am Beispiel der Physik. In K. Hellmann, J. Kreutz, M. Schwichow, & K. Zaki (Hrsg.), *Kohärenz in der Lehrerbildung* (S. 167–182). Springer Fachmedien. https://doi.org/10.1007/978-3-658-23940-4_11

Raebiger, C. (1985). Sieben Pendel in eins – ein Lehrstück–. *Physica didactica, 12*(2, 3), 3–16.

Raebiger, C. (2009). Prof. Christoph Raebiger. In V. Wehefritz (Hrsg.), *Lebensläufe von eigener Hand. Biografisches Archiv Dortmunder Universitätsprofessorinnen und -professoren.* http://hdl.handle.net/2003/26404. Zugegriffen am 06.08.2024.

Toeplitz, O., & Köthe, G. (1949). *Die Entwicklung der Infinitesimalrechnung.* Springer, Berlin Heidelberg. https://doi.org/10.1007/978-3-642-49782-7

Wagenschein, M. (1995). *Die pädagogische Dimension der Physik.* Hahner V.-G.

# Astronomische Perspektive auf Schwingungen und Wellen

## Markus Pössel

Auf den ersten Blick mag es so aussehen, als würde eine astronomische Perspektive auf Schwingungen und Wellen auf einer Tagung, bei der die Alltagsanwendungen im Vordergrund stehen, aus der Reihe fallen. Und doch gibt es eine wichtige Gemeinsamkeit. Die Erfahrungen zahlreicher Lehrerinnen und Lehrer ebenso wie systematische Interessensstudien zeigen: Astronomie eignet sich ebenso wie Alltagsanwendungsbezüge vorzüglich dafür, Schülerinnen und Schüler für physikalische Themen zu motivieren.

Ich behandle hier drei Themengebiete mit direktem Bezug zu den Grundlagen von Schwingungs- und Wellenphänomenen, wie sie in der Schule vermittelt werden. In allen drei Gebieten kann der Bezug zur Astronomie genutzt werden, um Schülerinnen und Schüler für die betreffenden Grundlagen zu interessieren und auf diese Weise zu motivieren:

1. Lichtwellen und, allgemeiner, elektromagnetische Strahlung als Grundlage klassischer astronomischer Beobachtungen. Einfache Anwendungen sind das Auflösungsvermögen astronomischer Instrumente sowie der Dopplereffekt
2. Gasschwingungen und Schallwellen in denjenigen Gebieten des Weltraums, die mit (dünnem oder sogar recht dichtem) Gas gefüllt sind, beispielsweise das Innere von Molekülwolken oder von Sternen sowie die Urknallphase im frühen Universum
3. Gravitationswellen als eine vergleichsweise neue Art und Weise, astronomische Objekte mithilfe von Wellen zu „belauschen"

---

M. Pössel (✉)
Haus der Astronomie und Max-Planck-Institut für Astronomie, Heidelberg, Deutschland
E-Mail: poessel@hda-hd.de

## 2.1 Astronomie mit Lichtwellen

Bei klassischen astronomischen Beobachtungen – man denke an die üblichen Linsen- und Spiegelteleskope, deren wesentliche Eigenschaften sich mit Strahlenoptik verstehen lassen – ist zunächst einmal nicht klar, wo die Welleneigenschaften der aufgefangenen elektromagnetischen Strahlung überhaupt eine Rolle spielen. Beginnen wir daher mit einem vereinfachten Modell, das auf den ersten Blick nichts mit einem Teleskop zu tun zu haben scheint (Abb. 2.1). Anordnungen dieser Art heißen *Interferometer*. Wir beschränken unsere Betrachtung dabei auf eine Ebene im Raum. Darin befinden sich zwei Detektoren D1 und D2, die im Abstand der Basislänge $b$ voneinander auf einer gemeinsamen Grundlinie angeordnet sind. Von jenen Detektoren wollen wir annehmen, dass sie die einfallende Strahlung phasengenau (!) erfassen können. In größerem Abstand von der Detektoranordnung befindet sich eine punktartige Lichtquelle Q. Diese Lichtquelle sendet Strahlung in Form einfacher Sinuswellen aus. Zwei davon sind in der Abbildung eingezeichnet. Bei der Aussendung am Ort der Lichtquelle Q haben diese Sinuswellen jeweils dieselbe Phase. In der Abbildung verbindet eine gestrichelte Linie denjenigen Teil der ersten eingezeichneten Lichtwelle, der zum dargestellten Zeitpunkt beim Detektor D1 eintrifft, mit dem phasengleichen Teil der zweiten Lichtwelle. Der Winkel $\theta$ zwischen jener Linie und der Basislinie bezeichnet die Position des Objekts. In der dreidimensionalen Welt würden wir den Winkel $\theta$ stattdessen durch zwei geeignet definierte Winkelkoordinaten ersetzen müssen, welche die Position des Objekts an der Himmelskugel eindeutig beschreiben.

Der Phasenunterschied zwischen dem Licht, das bei D1 ankommt, und dem Licht, das zum gleichen Zeitpunkt bei D2 ankommt, enthält Informationen über die

**Abb. 2.1** Vereinfachtes Interferometermodell

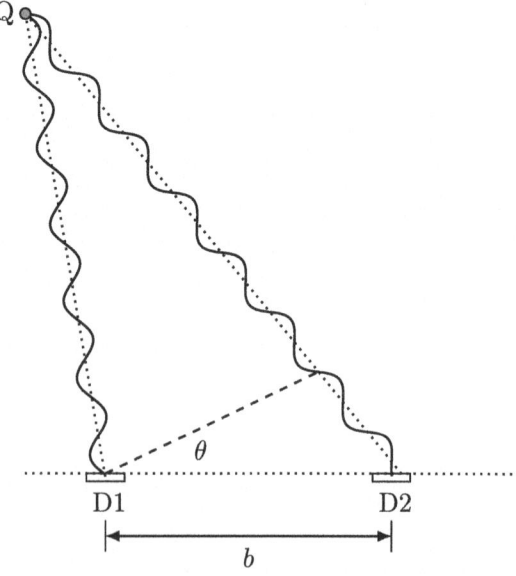

# 2 Astronomische Perspektive auf Schwingungen und Wellen

Richtung. Im abgebildeten Fall folgt aus der Phase bei D1 sowie aus $\theta$ und aus $b$, mit welcher Phase die dargestellte Lichtquelle im gleichen Moment bei D2 ankommt. Allenfalls die Entfernung von Q zum Detektor geht bei der Rechnung noch zusätzlich ein, allerdings nur für diejenigen Abstände, die nicht allzu groß im Vergleich zu $b$ sind. Für astronomische Objekte haben wir es im Gegenteil mit dem Grenzfall so großer Entfernungen von Q zu tun, dass die Lichtwellen beim Detektor in sehr guter Näherung parallel eintreffen. In diesem Grenzfall hängen die Phasenunterschiede dann wirklich nur noch von $\theta$ und $b$ ab.[1] (Auf die umgekehrte Frage, inwieweit sich $\theta$ aus Basislänge und Phasenunterschieden rekonstruieren lässt, komme ich unten noch zurück.)

Welches ist die geringste Änderung von $\theta$, die sich anhand der Phasenmessung an den beiden Detektoren gerade noch nachweisen („auflösen") lässt? Die Antwort auf diese Frage ergibt das *Auflösungsvermögen* der gezeigten Anordnung.

Abb. 2.2a, b zeigt zwei Situationen, in denen sich der Winkel $\theta$ um 5° unterscheidet. Da der Zeitpunkt für die beiden dort dargestellten Momentaufnahmen so gewählt wurde, dass die Phase des Lichts bei D1 in Abb. 2.2a, b dieselbe ist, kann man direkt anhand der Lichtphase bei D2 den Unterschied sehen: Der rechte Wellenzug erreicht D2 im Fall a zeitlich kurz vor dem Nulldurchgang, aber kommt bei b kurz vor dem Maximum an – ein Phasenunterschied von rund einem Viertel des Gesamtzyklus. Im Grenzfall einer unendlich weit entfernten Quelle hängt eine Änderung des Winkels $\theta$ um $\Delta\theta$ direkt mit dem Bruchteil $\Delta\phi$ der Wellenlänge zusammen, um den sich die Welle verschiebt – siehe das unter jenen Voraussetzungen näherungsweise rechtwinklige Dreieck in Abb. 2.2c: Die Verschiebung ist näherungsweise die Veränderung des entsprechenden Kreisbogens gegenüber von $\theta$, also (im Bogenmaß)

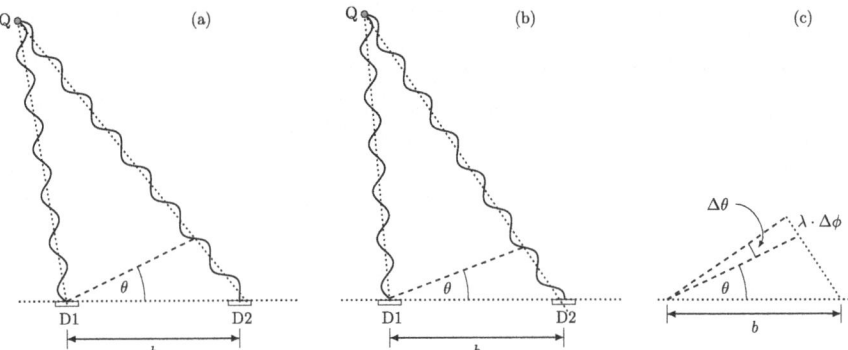

**Abb. 2.2** a und b Dasselbe Interferometer mit leicht unterschiedlich positionierten Quellen. c Geometrischer Zusammenhang von Winkeländerung und Wellenlängenverschiebung

---

[1] In einigen Darstellungen wird dies direkt so umgesetzt, dass die ankommenden Lichtwellen parallel zueinander gezeichnet werden. Das bringt allerdings eigene pädagogische Komplikationen mit sich, da es grafisch heruntergespielt, dass beide (alle) Lichtwellen in diesem Szenario von ein und derselben Punktquelle stammen.

$$\Delta\theta = \frac{\lambda}{b \cdot \cos\theta} \cdot \Delta\phi = \frac{\lambda}{b_P} \cdot \Delta\phi, \qquad \text{(Gl. 2.1)}$$

mit $b_P = b \cdot \cos\theta$, der senkrecht zur Beobachtungsrichtung projizierten Basislinie. Wie klein $\Delta\theta$ und wie hoch damit das Auflösungsvermögen ist, hängt damit insbesondere von der Wellenlänge des Lichts und von der (projizierten) Länge $b_P$ der Basislinie ab. Für verschiedene Werte der erreichbaren „Phasenauflösung" $\Delta\phi$ entspricht obige Formel dem sogenannten Dawes-Kriterium für den Winkelabstand $\Delta\theta$ zweier Doppelsterne, die ein Teleskop mit Öffnungsdurchmesser $b$ gerade noch auseinanderhalten kann ($\Delta\phi = 1{,}02$), oder dem Rayleigh-Kriterium für dieselbe Situation ($\Delta\phi = 1{,}22$). Bei Mikroskopen statt Teleskopen wiederum ist das Analogon zum Rayleigh-Kriterium das Abbe-Kriterium, mit derselben funktionalen Abhängigkeit von Wellenlänge und Öffnungsgröße.

Zumindest im vereinfachten Modell ist klar, dass die Phasendetektoren D1 und D2 zwar kleine Phasenunterschiede und die entsprechenden Richtungsunterschiede nachweisen können, aber keine Verschiebungen des rechten Wellenzugs relativ zum linken um ganzzahlige Vielfache der Wellenlänge. Wie also erhält man diesen „groben" Teil der Richtungsinformation aus den Beobachtungen? Hier gibt es mehrere Lösungen. Zum einen gilt: Falls wir nicht ein streng periodisches Signal empfangen wie in der Abbildung, sondern ein moduliertes Signal, dessen Eigenschaften sich vom einen Wellenzyklus zum nächsten etwas unterscheiden, dann würde selbst unser einfaches Interferometer jeden beliebigen Richtungswinkel $\theta$ ohne Mehrdeutigkeiten messen können. Zum anderen können wir durchaus mehr als zwei Detektoren in Stellung bringen, und zwar mit unterschiedlichen Abständen zueinander. Der Phasenvergleich bei Detektorpaaren mit kleineren Abständen erlaubt die Messung von Quellen-Richtungs-Unterschieden über größere Winkel hinweg. Bei Messungen über längere Zeiträume hinweg oder zu unterschiedlichen Zeiten führen bereits die Rotation der Erde und die entsprechenden Änderungen der projizierten Basislänge zu unterschiedlichen Abständen dieser Art.

Außerdem spielen die Ankunftszeiten eine Rolle: Je nach Position am Himmel kommt das Licht einer Quelle bei den unterschiedlichen Detektoren zu unterschiedlichen Zeiten an. Über die genaue Erfassung der Ankunftszeiten kann man nachträglich rekonstruieren, mit welcher relativen Zeitverzögerung man die Signale vergleicht, mit anderen Worten: welcher Beobachtungsrichtung entsprechend man die Phasenvergleiche und damit die rekonstruierten Beobachtungen vornimmt. Für reale Detektoren jenseits unseres vereinfachten Modells kommen je nach Situation Kombinationen dieser Lösungsmöglichkeiten zum Einsatz. Auch dort gilt allerdings: Der größte Abstand zwischen zwei Detektoren des jeweiligen Ensembles bestimmt das Auflösungsvermögen bei den kleinsten für unser Interferometer zugänglichen Winkeln.

Es gibt verschiedene Weisen, um vom vereinfachten Modell zu realen Teleskopen bzw. Observatorien zu gelangen. Letztlich ist das Modell auf alle Bereiche des Spektrums anwendbar, in denen die Quantennatur des Lichts keine nennenswerte Rolle spielt und wir daher das Wellenbild anwenden können. Sehr nah an dem vereinfachten Bild sind die LOFAR-Antennenfelder. Die Abkürzung steht für

**Abb. 2.3** Niederfrequenzantennen von LOFAR an der Sternwarte Tautenburg. Eigenes Bild

*low-frequency array*, also etwa „(Antennen-)Feld für niedrige Frequenzen", und beobachtet Radiostrahlung in zwei Frequenzbändern: zwischen 10 und 80 MHz (entsprechend Periodendauern von $10^{-8}$ bis $10^{-7}$ s) und zwischen 110 und 240 MHz (entsprechend Periodendauern von $10^{-9}$ bis $10^{-8}$ s). Einige der Dipoleinzelantennen für das untere Frequenzband (*low-band antenna*) sind in Abb. 2.3 zu sehen. In den LOFAR-Stationen sind solche Dipole mit Abständen bis zu knapp 200 m angeordnet. Die knapp 40 verschiedenen LOFAR-Stationen in Europa sind ihrerseits bis zu rund 1000 km voneinander entfernt.

Bei einem solchen *phased array* (frei übersetzt: „auf Basis der Phasensignale rekonstruierendes Antennenfeld") werden die Phaseninformationen samt geeigneter Zeitmarkierungen (Atomuhren!) aufgezeichnet. Den direkten Phasenvergleich, wie wir ihn bei Abb. 2.1 und 2.2 mit bloßem Auge vorgenommen haben, nimmt für die Hunderte von Signalen verschiedener LOFAR-Antennen ein Supercomputer in Groningen vor. Das virtuelle Bild, welches dabei entsteht, hängt von all jenen paarweisen Phasenvergleichen ab. Je nachdem, mit welchen relativen Zeitverzögerungen die Signale dabei kombiniert werden, kann der Computer dabei LOFAR nachträglich virtuell „in unterschiedlichen Richtungen beobachten lassen".

Ein ähnliches nachträgliches Kombinationsverfahren wandelt die Signale der 27 einzelnen Radioantennen des VLA (Very Large Array) in rekonstruierte Bilder um. Hier und bei der Erweiterung Very Long Baseline Interferometry (VLBI), die noch weitere Radioschüsseln an anderen Standorten in der Welt dazuschaltet, ergibt sich die Beobachtungsrichtung allerdings nicht mehr nur dadurch, mit welcher Zeitverzögerung die Antennensignale kombiniert werden. Stattdessen ist die Beobachtungsrichtung bereits recht genau dadurch vorgegeben, dass die Schüsseln der beteiligten Radioteleskope für die Beobachtung auf ein und dasselbe Radioobjekt am Himmel gerichtet werden. Ähnlich funktioniert die Auswertung der Messungen des ALMA-Antennenfelds in der Atacama-Wüste in Chile.

Diese Art der phasengenauen Messung und Aufzeichnung funktioniert für die Radiowellen mit ihren vergleichsweise langen Schwingungszeiten sehr gut, wird aber für kurzwelligere Strahlung zunehmend schwieriger. Interferometer im Nahinfrarotbereich wie das Very Large Telescope Interferometer der Europäischen Südsternwarte (ESO) in Chile oder die beiden Keck-Teleskope auf Hawaii gehen daher direkter vor: Hier wird die elektromagnetische Strahlung nicht erst digitalisiert aufgezeichnet und die gespeicherten Informationen werden anschließend kombiniert, sondern das Licht mehrerer Teleskope wird physisch zusammengeführt, überlagert und erst das resultierende Interferenzmuster wird direkt aufgezeichnet.

Herkömmliche Einzelteleskope für das sichtbare Licht, beispielsweise Spiegelteleskope, führen dasselbe grundlegende Prinzip fort. Einen Teleskopspiegel kann man gedanklich als Sammlung vieler zusammenhängend angeordneter Teilregionen betrachten, winziger Ausschnitte aus der Spiegelfläche, jeder davon analog zu Detektoren D1 oder D2 in Abb. 2.1 und 2.2. Bei riesigen Teleskopen wie dem Extremely Large Telescope (ELT) der Europäischen Südsternwarte (ESO) passiert die Segmentierung nicht nur in Gedanken, sondern real: Der 39 m durchmessende Hauptspiegel jenes Teleskops wird aus knapp 800 Spiegelsegmenten bestehen, die relativ zueinander genau ausgerichtet sind. Auch der Spiegel des Ende 2021 gestarteten James-Webb-Weltraumteleskops (JWST) besteht aus immerhin 18 sechseckigen Segmenten.

Diese vielen Teilflächen, real oder gedacht, sind so angeordnet, dass das Licht, welches sie auffangen, direkt in der Brennebene des Spiegels (oder bei komplizierteren Teleskopen nach dem Durchlaufen weiterer optischer Elemente) zur Interferenz gebracht wird. Rechnungen und Rekonstruktionen sind bei geeigneter Spiegelform dann gar nicht mehr nötig, sondern in der Brennebene entsteht direkt ein Bild dessen, was das Teleskop beobachtet. Die vereinfachte Wellenperspektive auf optische Systeme liefert uns aber auch für diesen Fall direkt den Zusammenhang von Durchmesser und Auflösung eines solchen Teleskops: Er folgt zumindest von der Größenordnung her derselben einfachen Formel wie für unser vereinfachtes Modell. Dabei wird das Teleskop jeweils gezielt auf das Beobachtungsobjekt gerichtet, sodass der Projektionsfaktor für die Basislinie entfällt. In Tab. 2.1 sind entsprechende Basislinien (bei Einzelteleskopen Öffnungsdurchmesser), Wellenlängen und Auflösungsvermögen für unterschiedliche Anordnungen aufgelistet.

Aufgeführt sind das Radiointerferometer VLA, ein Einzelteleskop (Spiegelteleskop) des VLT der ESO, das Hubble-Weltraumteleskop, zwei Instrumente des James-Webb-Weltraumteleskops JWST bei zwei verschiedenen Wellenlängen sowie das im Bau befindliche ELT. Deutlich zeigt sich der Einfluss von Wellenlänge und Basislänge: Das Auflösungsvermögen des JWST ist trotz des größeren Spiegeldurchmessers nicht unbedingt besser als beim Hubble-Teleskop. Und die Radio-

**Tab. 2.1** Eigenschaften und Auflösungsvermögen verschiedener Teleskope/Observatorien

| Teleskop | Basislänge $b$ | Wellenlänge $\lambda$ | Auflösung $\Delta\theta$ |
|---|---|---|---|
| VLA-A (L-Band, 1,5 GHz) | 36 km | 20 cm | 1,14″ |
| Very Large Telescope (VLT) | 8 m | 550 nm | 0,014″ |
| Hubble-Weltraumteleskop | 2,4 m | 550 nm | 0,047″ |
| JWST NIRCam | 6,5 m | 1 µm | 0,03″ |
| JWST MIRI | 6,5 m | 8 µm | 0,25″ |
| Extremely Large Telescope (ELT) | 39 m | 550 nm | 0,003″ |

interferometrie in der gezeigten Konfiguration kommt trotz beachtlicher Basislängen nicht auf eine größere Auflösung als die hier gezeigten optischen Teleskope. Letztlich benötigt die Astronomie natürlich sich ergänzende Beobachtungen bei verschiedenen Wellenlängen. Mit den unterschiedlichen erreichbaren Auflösungsvermögen muss man sich dabei arrangieren.

Natürlich sind die Welleneigenschaften des Lichts nicht nur wegen des Auflösungsvermögens von Teleskopen und Interferometern wichtig für die Astronomie. Der zentrale Bereich der Spektroskopie, neben bildgebenden Verfahren das zweite Beobachtungsstandbein der Astrophysik, beruht darauf, Licht in Komponenten mit unterschiedlichen Wellenlängen zu sortieren. Den Regeln von Atom- und Molekülphysik folgend, wird dabei in bestimmten, scharf begrenzten Wellenlängenbereichen besonders viel Licht ausgesandt („Emissionslinien") oder besonders wenig („Absorptionslinien"). Solche Spektrallinien erlauben Rückschlüsse z. B. auf die chemische Zusammensetzung der untersuchten Objekte.

Zusätzlich liefern solche Spektrallinien Informationen über zumindest einen Teil des Bewegungszustands, nämlich die Radialbewegung: den Bewegungsanteil direkt von uns weg oder zu uns hin. Das funktioniert über den Dopplereffekt, den wir aus dem Alltag von Schallwellen kennen (das Tatütata in höherer Tonlage, wenn das Einsatzfahrzeug auf uns zu fährt, in tieferer, wenn es sich von uns entfernt) und der dank der Wellennatur des Lichts eben auch bei Licht auftritt.

Abb. 2.4 illustriert die Situation in zwei Dimensionen. In Abb. 2.4a ruht die Lichtquelle, in Abb. 2.4b ist sie nach rechts bewegt. Dargestellt sind außerdem drei aufeinanderfolgende Wellenberge. Mit $T$, der Periodendauer der Welle, ist die Aussendung jener drei Wellenberge gerade $T$, $2 \cdot T$ bzw. $3 \cdot T$ her. In Abb. 2.4a wurden alle drei Wellenberge von der ruhenden Quelle ausgesendet. In Abb. 2.4b sind die drei verschiedenen Positionen der Quelle bei der Aussendung genauso wie die zugehörigen Wellenberge mit A, B, C markiert. Die Wellenberge breiten sich kugelförmig in alle Richtungen aus und sind daher hier als Kreise dargestellt. Da die kreisförmigen Wellenberge in Abb. 2.4b jeweils von anderen Orten aus ausgesandt wurden, sind sie gegeneinander verschoben. Was dabei quantitativ passiert, ist schnell und direkt hergeleitet: Die Geschwindigkeit, mit der sich die Wellenberge

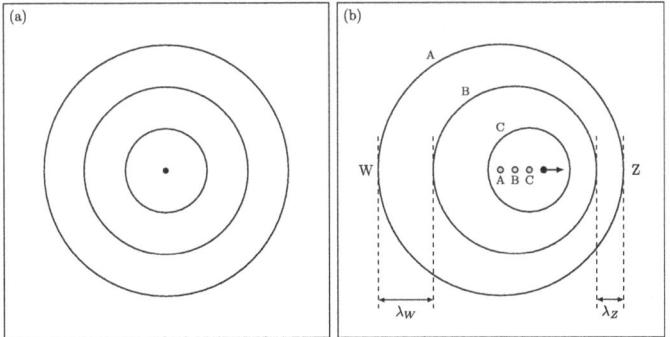

**Abb. 2.4** Ruhende (**a**) und nach rechts bewegte (**b**) Lichtquelle

ausbreiten, sei die Lichtgeschwindigkeit $c$. Ruht die Lichtquelle wie in Abb. 2.4a, dann laufen aufeinanderfolgende Wellenberge mit einer Wellenlänge $\lambda_0$ Abstand hintereinander her, mit $\lambda_0 = c \cdot T$: Der „Vorsprung" des einen Wellenbergs vor dem nächsten ergibt sich schließlich daraus, dass jener erste Wellenberg die Zeit $T$ hatte, sich weiterzubewegen, bevor der zweite Wellenberg ausgesandt wurde.

Bewegt sich die Lichtquelle dagegen wie in Abb. 2.4b, dann ändert sich die Argumentation. Von außen betrachtet schrumpft für eine in Bewegungsrichtung wartende Beobachterin Z, auf die sich die Quelle zubewegt, der Vorsprung des ersten Wellenbergs gegenüber dem nächsten, denn schließlich hat sich die Quelle in der Zwischenzeit um $v \cdot T$ hinter jenem ersten Wellenberg her bewegt. Die Wellenlänge $\lambda_Z$, die jene Beobachterin misst, ist dementsprechend kürzer, nämlich

$$\lambda_Z = c \cdot T - v \cdot T = \left(1 - \frac{v}{c}\right) \cdot \lambda_0. \tag{Gl. 2.2}$$

Für eine Beobachterin W, von der sich die Lichtquelle wegbewegt, gilt ganz analog

$$\lambda_W = c \cdot T + v \cdot T = \left(1 + \frac{v}{c}\right) \cdot \lambda_0. \tag{Gl. 2.3}$$

Das ist der klassische Dopplereffekt. Für Quellengeschwindigkeiten nahe der Lichtgeschwindigkeit kommt noch die relativistische Zeitdilatation hinzu und modifiziert die Formel für die Quellenbewegung auf die Beobachterin zu oder von ihr weg zu

$$\lambda_{W/Z} = \sqrt{\frac{1 \pm v/c}{1 \mp v/c}} \cdot \lambda_0. \tag{Gl. 2.4}$$

Das ist dann der *speziell-relativistische longitudinale Dopplereffekt*.

Bewegungen durch das Verfolgen veränderlicher Positionen am Himmel nachzuweisen, ist in der Astronomie aufgrund der großen Abstände ein Problem und nur für einigermaßen nahe Objekte überhaupt durchführbar. Dass der Gaia-Astrometrie-Satellit der ESA Sternbewegungen in der Andromedagalaxie, 2,5 Mio. Lichtjahre entfernt, nachweisen kann, dürfte derzeit das äußerste Limit dieser Art von Messungen sein und ist eine beeindruckende Leistung. Der weitaus häufigere Fall ist jener, in dem sich die Bewegung am Himmel nicht durch Beobachtungen nachweisen lässt. Durch den Dopplereffekt auch für deutlich weiter entfernte Objekte zumindest Informationen über die Radialbewegung direkt mitgeliefert zu bekommen, sobald ein Spektrum des Objekts zur Verfügung steht, ist daher sehr wertvoll.

Historisch gesehen wurde der Dopplereffekt bereits Ende des 19. Jahrhunderts verwendet, um *spektroskopische Doppelsterne* zu identifizieren. Das sind Doppelsternsysteme, bei denen die beiden sich umkreisenden Sterne im Teleskop nicht voneinander unterscheidbar sind (einmal mehr das Auflösungsvermögen!), aber bei denen Dopplereffekte im Spektrum des Doppelobjekts zeigen, dass es sich um zwei umeinanderkreisende Objekte mit entsprechend unterschiedlich verschobenen Spektrallinien handelt. Sehen wir solch ein System genau von der Seite, blicken

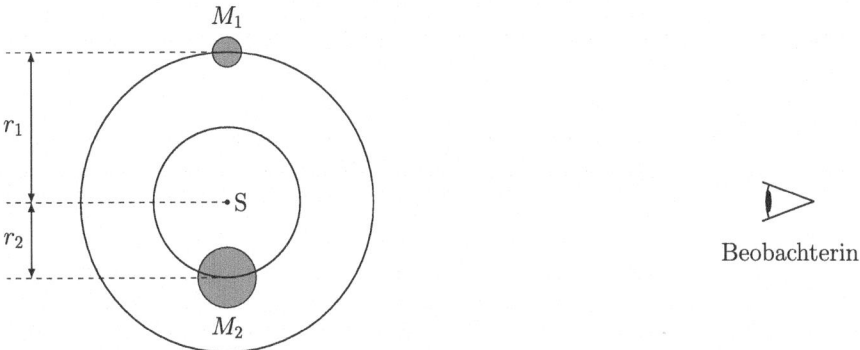

**Abb. 2.5** Doppelsternsystem, von der Seite beobachtet

also direkt auf die Kante der Bahnebene, lassen sich auf diese Weise die Massen der beiden Sterne separat bestimmen.

Abb. 2.5 zeigt Kreisbahnen als einfaches Beispiel, das sich auch in der Schule durchrechnen lässt. Newtons Version des dritten Kepler'schen Gesetzes verknüpft die Gesamtmasse $M = M_1 + M_2$, den Abstand der Sterne $r = r_1 + r_2$ voneinander (bei elliptischer Bahn die große Halbachse) und die (direkt messbare) Umlaufzeit $T$ als

$$\left(\frac{T}{2\pi}\right)^2 = \frac{r^3}{GM}. \qquad (Gl.\ 2.5)$$

Der Schwerpunktsatz wiederum verknüpft die beiden Bahnradius- und Massenwerte, und zwar als $M_1 \cdot r_1 = M_2 \cdot r_2$. Die via Dopplereffekt messbaren Radialgeschwindigkeiten sind in der in Abb. 2.5 dargestellten Phase maximal und gleich den Kreisbahngeschwindigkeiten der Massen um den Schwerpunkt S, nämlich $v_1 = 2\pi r_1/T$ und analog für $v_2$. Insgesamt kann man unter diesen Bedingungen auflösen:

$$M_1 = \frac{(v_1 + v_2)^2 \, v_2 \cdot T}{2\pi G}. \qquad (Gl.\ 2.6)$$

Die entsprechende Gleichung für $M_2$ erhält man, wenn man die Indexersetzung $1 \leftrightarrow 2$ vornimmt. Entsprechende Beobachtungen spielen für die Bestimmung von Sternmassen und damit für unser Verständnis der Physik der Sterne eine wichtige Rolle. Dieselbe Situation, allerdings mit einer Beobachtungsmöglichkeit nur für eine der Radialgeschwindigkeiten, finden wir bei einem Stern, der mit einem Exoplaneten den gemeinsamen Schwerpunkt umkreist. Der Planet ist typischerweise nicht direkt beobachtbar, da er von seinem Stern überstrahlt wird. Aber sobald man die Systematik der Sternmassen (u. a. auf Basis der Doppelsternmessungen!) verstanden hat, kann man die Masse $M_2$ des Sterns aus seinen Spektraleigenschaften sehr genau abschätzen. Die Messung der Sternradialgeschwindigkeit $v_2$ und die Annahme $M_2 \gg M_1 \Rightarrow M_1 + M_2 \approx M_2$ erlauben dann den Rückschluss auf die Planetenmasse $M_1$ (zumindest beim Blick auf das System direkt von der Kante). Diese *Radialgeschwindigkeitsmethode* war die erste Methode, mit der überhaupt der erste

Nachweis eines Exoplaneten um einen herkömmlichen Stern gelang, und sie ist nach wie vor ein wichtiges Werkzeug für den indirekten Nachweis und zur Untersuchung von Exoplaneten.

Last, but not least ermöglicht der Dopplereffekt den Nachweis, dass sich alle fernen Galaxien von uns entfernen – in einer systematischen Weise, die zeigt, dass unser Kosmos expandiert. Konkret gilt in jedem Universum, bei dem sich die Abstände zwischen den Galaxien mit der Zeit proportional zu ein und demselben Faktor ändern („kosmischer Skalenfaktor"), die sogenannte Hubble-Lemaître-Relation: Vereinfacht gesagt sind der Abstand $d$ einer Galaxie zu uns und die Geschwindigkeit $v$, mit der sich jene Galaxie von uns entfernt („Rezessionsgeschwindigkeit"), zueinander proportional, $v = H_0 \cdot d$ mit $H_0$ der sogenannten Hubblekonstante. Für Galaxien, die uns relativ nahe sind, lässt sich die Rezessionsgeschwindigkeit dabei direkt über den klassischen Dopplereffekt ermitteln.

Für fernere Galaxien ergibt sich ein komplizierterer Zusammenhang zwischen Entfernung und Rotverschiebung. Und lassen Sie sich bitte von anderslautenden Darstellungen nicht verwirren: Es gibt auch in diesem allgemeineren Fall eine konsistente Deutung jener kosmologischen Rotverschiebung als (speziell-relativistischer, radialer) Dopplereffekt. Die Kosmologiedidaktik hat an dieser Stelle eine gewisse historische Entwicklung durchgemacht. In frühen Darstellungen wurde die kosmologische Rotverschiebung selbstverständlich als Dopplereffekt beschrieben. Später setzte sich eine Darstellungsweise durch, in der betont wurde, die kosmische Expansion sei eine Veränderung des Raums selbst, keine Bewegung von Galaxien im Raum, die kosmologische Rotverschiebung sei daher etwas grundsätzlich anderes als ein Dopplereffekt. Allerdings hat eine Reihe von Autoren herausgearbeitet, dass die kosmologische Rotverschiebung sehr wohl widerspruchsfrei als Dopplereffekt interpretiert werden kann. Dabei ist die Geschwindigkeit, die in der Dopplerformel vorkommt, dann freilich eine andere Größe als die übliche „Rezessionsgeschwindigkeit" aus der Hubble-Lemaître-Relation.[2]

## 2.2 Schallwellen im Weltraum

Der klassische Weltraumhorrorfilm *Alien* von Regisseur Ridley Scott wurde mit dem Slogan „In space, no one can hear you scream" beworben – im Weltraum hört dich niemand schreien. Und es stimmt ja: Unrealistisch ist stattdessen, wenn in einem Science-Fiction-Film laute Geräusche eines Weltraumgefechts hörbar sind, das eigentlich, von Schall innerhalb der Raumschiffe selbst abgesehen, in vollkommener Stille ablaufen sollte. Anders ist das in Regionen des Weltalls, die mit Gasen gefüllt sind. In der Regel haben jene Gase eine sehr geringe Dichte im Vergleich zu dem, was wir von Gasen hier auf der Erdoberfläche oder von industriellen Anwendungen her kennen. Aber die physikalischen Grundlagen sind dieselben, und das heißt, jene Gase können schwingen, sich verdichten und der Verdichtung

---

[2] Wer Genaueres wissen möchte, findet weitere Informationen in einem Artikel von Bunn und Hogg (2009) sowie in einigen meiner eigenen Artikel zum Thema (Pössel, 2020, 2021).

**Abb. 2.6** Symbolische Skizze zum Gravitationskollaps einer kugelförmigen Masse

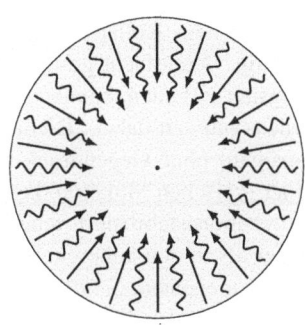

Widerstand leisten oder anders gesagt: Sie können als Medium für Schallwellen dienen. Solche Schallwellen im Weltraum spielen in der Astrophysik an einigen Stellen eine wichtige Rolle.

Eine einfache Abschätzung, ob eine Gaswolke bestimmter mittlerer Dichte und bestimmter Ausdehnung unter ihrer eigenen Schwerkraft kollabieren wird, erhält man wie folgt – symbolisch dargestellt in der Skizze in Abb. 2.6 für den Fall einer Massenkugel, deren Bestandteile sich zu Beginn unserer Betrachtungen sämtlich in Ruhe befinden. Die Gravitation zieht alle Teile jener Massenkugel hin zum Zentrum. Gäbe es überhaupt keinen Gegendruck, dann würden alle Gasteilchen in Richtung des Zentrums der Gaskugel fallen. Wann sie im Zentrum ankommen, lässt sich mit Schulmathematik berechnen. Am einfachsten gelingt das über den Energieerhaltungssatz. Für ein Testteilchen an der Oberfläche jener Massenkugel ist die Gravitationsanziehung dieselbe als wäre die gesamte Masse $M$ der Kugel im Mittelpunkt konzentriert. Das ändert sich nicht, während die Massenkugel im freien Fall kollabiert: War eine Masse anfangs näher am Kugelzentrum als unser Oberflächentestteilchen, bleibt sie das auch während des gesamten freien Falls. Die Gesamtenergie jenes Testteilchens am Anfang, wenn sich das Teilchen noch in Ruhe im Abstand $R$ vom Zentrum befindet, und seine Gesamtenergie später in Bewegung im Abstand $r$ vom Zentrum ist dieselbe. Das lässt sich schreiben als

$$\frac{1}{2}\left(\frac{dr}{dt}\right)^2 = GM\left(\frac{1}{r}-\frac{1}{R}\right) = \frac{4\pi G}{3}\overline{\rho}R^3\left(\frac{1}{r}-\frac{1}{R}\right), \qquad (Gl.\ 2.7)$$

wobei wir im zweiten Schritt die Gesamtmasse $M$ mithilfe der anfänglichen mittleren Dichte $\overline{\rho}$ und des Kugelradius $R$ ausgedrückt haben. Auflösen nach $t$ durch Trennung der Variablen mit einem Integral, dessen Wert man z. B. auf wolframalpha.com oder in einer Integraltafel nachschauen kann, ergibt für die Freifallzeit $t_{ff}$, nach der unser Testteilchen im Zentrum anlangt, den Wert

$$t_{ff} = \sqrt{\frac{3\pi}{32\cdot G\cdot \overline{\rho}}}. \qquad (Gl.\ 2.8)$$

Je dichter eine Gaswolke, umso weniger Zeit würde sie demnach benötigen, um vollständig zu kollabieren. In Wirklichkeit passiert allerdings noch etwas anderes: Sobald der Kollaps einsetzt, baut sich aufgrund der Verdichtung ein Gegendruck auf, der dem Kollaps entgegenwirkt. Hier werden die verschiedenen Zeitskalen wichtig. Vereinfacht gesagt: Wenn die Regionen im Zentrum den Gegendruck zu langsam aufbauen, können sie den Kollaps nicht aufhalten. Zum Aufbau des Gegendrucks müssen dabei „Dichtestörungen" von außen nach innen laufen. Beim Kollaps ganz ohne Gegendruck würde die Massenkugel nämlich homogen bleiben; in einer typischen Situation dagegen, in der der Gegendruck die Kugel gegenüber der Gravitation stabilisiert, sind der Druck und die Dichte in den inneren Regionen höher als in den äußeren. Sich fortbewegende Dichtestörungen in Gasen sind nun aber, ganz genau: *Schallwellen*. Eine Abschätzung dafür, ob sich eine Masse noch durch Gegendruck stabilisieren kann oder der Gravitationskollaps zu schnell geht, als dass sich ein geeigneter Gegendruck aufbauen können, liefert daher der folgende Vergleich zweier Zeitskalen: Ist die Schallgeschwindigkeit $c_s$ in dem betreffenden Gas gegeben, sollte die Gegendruckaufbauzeitskala $t_{gd}$ ungefähr der Zeit entsprechen, die eine Dichtestörung benötigt, um vom Rand zum Zentrum zu laufen, also

$$t_{gd} = \frac{R}{c_s}. \quad \text{(Gl. 2.9)}$$

Jetzt kommt es darauf an, wie in Abb. 2.6 symbolisch dargestellt, wer das Rennen gewinnt: der Gravitationskollaps (in der Abbildung die geraden Linien mit Pfeil) oder die Schallwellen (wellenförmige Linien mit Pfeil)? Anders gefragt: Ist die Gegendruckzeitskala $t_{gd}$ größer als die Freifallzeitskala $t_{ff}$? Wenn ja, dann dauert es zu lange, den Gegendruck aufzubauen, und die Wolke kollabiert. Andernfalls ist die Wolke stabil. Geht man über die Schulphysik hinaus und nutzt den Zusammenhang von Druck, Dichte und Schallgeschwindigkeit in einem Gas, dann lässt sich der Grenzfall als sogenanntes *Jeans-Kriterium* formulieren, benannt nach dem britischen Astronomen und Mathematiker James Jeans, der Anfang des 20. Jahrhunderts erstmals eine Abschätzung dieser Art vornahm.

Der Druck lässt sich dabei mithilfe der idealen Gasgleichung noch als Funktion von Dichte und Temperatur ausdrücken, und am Ende steht die sogenannte *Jeans-Masse*

$$M_J = 6{,}3 \cdot \sqrt{\frac{(k_B T)^3}{\bar{\rho} \cdot (\mu G)^3}} \quad \text{(Gl. 2.10)}$$

als Funktion von Dichte und Temperatur. Dabei ist $k_B$ die Boltzmann-Konstante, die Temperatur- und Energiewerte verknüpft, $T$ die Temperatur in Kelvin, $\bar{\rho}$ die mittlere Dichte, $G$ die Newton'sche Gravitationskonstante und $\mu$ die durchschnittliche Masse der Atome oder Moleküle, aus denen das Gas besteht. Ist die Gesamtmasse einer Wolke mit gegebener Dichte und Temperatur größer als die Jeans-Masse, kommt es zum Kollaps. Anderweitig bleibt die Wolke stabil. Alternativ kann man mit denselben Größen die *Jeans-Länge* definieren:

$$\lambda_J = 2{,}3 \cdot \sqrt{\frac{k_B T}{\bar{\rho} \cdot \mu G}}. \quad \text{(Gl. 2.11)}$$

Die Wolke ist instabil, wenn sie bei der gegebenen mittleren Dichte und Temperatur eine Ausdehnung (konkret: einen Radius) größer als die Jeans-Länge hat. Mit diesen beiden Varianten des Jeans-Kriteriums lässt sich beispielsweise entscheiden, ob eine interstellare Molekülwolke kollabieren und neue Sterne erzeugen wird. Ebenso lässt sich abschätzen, welche Masse die ersten Galaxien im Universum mindestens gehabt haben müssen. Dass es tatsächlich so etwas wie „Schall im All" gibt, ist für die Herleitung entscheidend.

Zwei weitere interessante Anwendungen von Schallwellen im All seien hier zumindest zusammenfassend erwähnt: Schallwellen im Inneren von Sternen führen zu einem nachweisbaren Schwingungsmuster der Sternoberfläche, analog dazu, wie seismische Wellen sich im Erdinneren ausbreiten und sich an der Erdoberfläche nachweisen lassen. Der zeitliche Verlauf der Schwingungsbewegung der Sternoberfläche auf uns zu bzw. von uns weg lässt sich wiederum mithilfe des Dopplereffekts messen. Das Teilgebiet der Astronomie, das solche Messungen auswertet und daraus Rückschlüsse auf Eigenschaften und die innere Struktur der Sterne zieht, heißt *Asteroseismologie*. Speziell bei der Sonne, wo die entsprechenden Beobachtungen natürlich besonders detailliert und genau vorgenommen werden können, spricht man von *Helioseismologie*.

Auch im frühen Universum vor rund 13,8 Mrd. Jahren, nämlich in der heißen, dichten Urknallphase, spielten Schallwellen eine Rolle. Eine Analogie dazu ist ein ruhiger Teich mit glatter Oberfläche, in den zu einem bestimmten Zeitpunkt eine Menge kleinerer Kiesel geworfen werden. Jeder Kieseleinschlag erzeugt eine Welle, die sich kreisförmig ausbreitet. Bei hinreichend vielen Kieseln kann das ein ziemlich unübersichtliches Muster werden. Andererseits haben all jene Wellenkreise zu einem festen Zeitpunkt, z. B. auf einer fotografischen Aufnahme, denselben Durchmesser. All diese Wellen haben sich schließlich seit dem Kieselwurf mit derselben Geschwindigkeit ausgebreitet, sind also zu jeder späteren Zeit gleich groß. In einer statistischen Analyse, der es gelingt, Störungen sozusagen nach ihrer Größe zu sortieren, sähe man, dass eine bestimmte Längenskala besonders häufig vertreten ist: die Größe der Wellenkreise zur Zeit der Aufnahme. Kennt man die Ausbreitungsgeschwindigkeit der Wellen auf der Seeoberfläche, dann kann man aus solch einer statistischen Analyse schließen, wie viel Zeit seit dem Kieselwurf vergangen ist.

Im frühen Universum ist es ähnlich: Dort sind es Quantenfluktuationen während der sogenannten Inflationsphase ganz zu Anfang der kosmischen Geschichte, die analog zu den Kieselwürfen kleine Dichtestörungen erzeugten. Im Plasma des frühen Universums breitete sich um jede dieser Dichtestörungen herum eine kugelförmige Schallwelle aus, angetrieben von Dichteschwankungen und vom Strahlungsdruck der das damalige All erfüllenden Wärmestrahlung als „Rückstellkraft". Rund 380.000 Jahre nach dem Urknall wurde dann überall im Universum die *kosmische Hintergrundstrahlung* freigesetzt: Nachdem das Plasma hinreichend abgekühlt war, dass sich stabile Atome bilden konnten, konnte sich die Wärmestrahlung der Urknallphase weitgehend frei bewegen. Diese Strahlung enthält nach wie vor Informationen über die frühen Schallwellen im Plasma. Die Hintergrundstrahlung erreicht uns auch heute noch aus allen Himmelsrichtungen, da es in allen Richtungen Raumregionen gibt, die genau so weit von uns entfernt sind, dass ihr kurz nach dem Urknall ausgesandtes Licht uns genau heute erreicht. Konkret prägten die frühen Dichteschwankungen der Wärmestrahlung Temperaturschwankungen auf, die wir heute noch an der Hintergrundstrahlung beobachten können. Eine statistische Analyse ermöglicht es, mithilfe der kosmischen Hintergrundstrahlung den Durchmesser der frühen Schallkugeln zu bestimmen. Das wiederum erlaubt Rückschlüsse auf Eigenschaften des frühen Universums. Im frühen Weltall sind Schallwellen also nicht nur überall, sondern ihr „Nachhall" in der kosmischen Hintergrundstrahlung verschafft uns noch heute, 13,8 Mrd. Jahre später, detaillierte Einblicke in die frühesten 100.000 Jahre kosmischer Geschichte.

## 2.3 Gravitationswellen

Neuester Zugang im „Wellenzoo" der Astronomie sind die Gravitationswellen: Verzerrungen von Raum und Zeit, die sich mit Lichtgeschwindigkeit ausbreiten. Die Existenz solcher Wellen ist eine Konsequenz von Albert Einsteins Allgemeiner Relativitätstheorie, in der die Eigenschaften von Raum und Zeit direkt mit der Gravitation in Verbindung stehen. In der berühmten Kurzfassung des US-amerikanischen Physikers John Wheeler: Bei Einstein sagen Raum und Zeit der Materie, wie sie sich zu bewegen hat, und umgekehrt sagt die Materie Raum und Zeit, wie sie sich zu verzerren haben.

Für den Schulunterricht ist an dieser und an weiteren Stellen die Analogie zur Elektrodynamik hilfreich. In der Elektrodynamik werden Felder durch Ladungen und ggf. deren Bewegung erzeugt. Die Maxwell-Gleichungen lassen aber auch Lösungen zu, in denen sich zeitlich veränderliche Felder wechselseitig anregen, ganz ohne die Anwesenheit elektrischer Ladungen: elektromagnetische Wellen. Diese Wellen breiten sich mit Lichtgeschwindigkeit im Raum aus. Sie sind transversal, d. h., die Schwingungen der entsprechenden Felder finden senkrecht zur Ausbreitungsrichtung statt. Hat man die einfachen elektromagnetischen Wellen verstanden, kann man im nächsten Schritt ihre Erzeugung durch beschleunigte Ladungen und in Umkehrung des Prozesses ihren Nachweis verstehen. Einfachster Fall ist dabei ein Dipol, also die Erzeugung elektromagnetischer Wellen durch die beschleunigte Bewegung von Ladungen entlang eines Geradenabschnitts. Umgekehrt gelingt mit solch einer Dipolantenne auch der Nachweis der Wellen.

Die einfachsten Gravitationswellen lassen sich als kleine Störungen in einem ansonsten von Massen und anderen Gravitationsquellen freien Raum verstehen. Die resultierende „linearisierte Beschreibung" von Gravitationswellen weist direkte Analogien zum Elektromagnetismus auf. Auch Gravitationswellen breiten sich mit Lichtgeschwindigkeit aus. Auch Gravitationswellen sind transversal, wirken also senkrecht zur Ausbreitungsrichtung. Die Wirkung von Gravitationswellen ist dabei allerdings etwas anders als bei ihrem elektromagnetischen Gegenstück. Das einfachste Gedankenexperiment dazu ist die Vorstellung von einem Kreis aus frei schwebenden Testteilchen in einer Raumregion ohne jeglichen Gravitationseinfluss, die sich ursprünglich relativ zueinander in Ruhe befinden. „Testteilchen" heißt dabei, dass wir die wechselseitige Gravitationswirkung jener Teilchen aufeinander

# 2 Astronomische Perspektive auf Schwingungen und Wellen

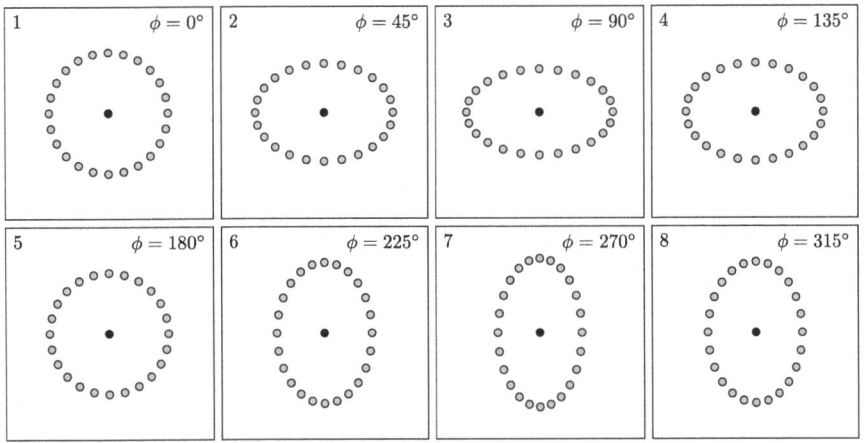

**Abb. 2.7** Wie eine einfache Gravitationswelle Abstände eines Testteilchenkreises verändert

vernachlässigen wollen (und dürfen). Was passiert, wenn eine bestimmte Art einfacher Gravitationswelle (eine linear polarisierte Sinuswelle) senkrecht zur Buchseite durch ein solches Teilchenensemble läuft, zeigt Abb. 2.7.

Die Abbildung ist von links nach rechts und von oben nach unten zu lesen; gezeigt sind acht aufeinanderfolgende Schnappschüsse, auf denen zu sehen ist, wie die Gravitationswelle die Abstände der ursprünglich kreisförmig angeordneten Teilchen voneinander und vom zentralen Teilchen verändert. Angegeben ist jeweils auch das Argument der Sinusfunktion, also die Phase der Schwingung. Nach dem achten Bild geht das Muster wieder von vorne los. Dass dabei jede Streckung von Abständen in einer Richtung mit einer Stauchung von Abständen senkrecht dazu einhergeht, ist die sogenannte *Quadrupoleigenschaft* der Gravitationswellen. Eine weitere wichtige Eigenschaft: Gravitationswellen verursachen *relative* Längenänderungen, verändern ursprüngliche Abstände also um einen bestimmten *Faktor*. So wie in der Abbildung dargestellt, ist der Effekt natürlich extrem übertrieben: Dort ändern sich die dargestellten Längen um bis zu 50 %. Bei realistischen Gravitationswellen sind dagegen lediglich relative Längenänderungen von etwa einem Tausendstel Milliardstel Milliardstel zu erwarten, $10^{-21}$.

Gravitationswellen werden durch die beschleunigte Bewegung von Massen, quasi von „Gravitationsladungen", erzeugt, analog zur Erzeugung elektromagnetischer Wellen durch elektrische Ladungen. Allerdings hat die Analogie Grenzen. Es gibt nur eine Art von Gravitationsladungen, im Gegensatz zum Elektromagnetismus mit positiven und negativen elektrischen Ladungen. Und für die Bewegung von Gravitationsladungen gilt ein Erhaltungsgesetz: die Impulserhaltung. Diese Unterschiede haben Konsequenzen. Wir hatten bereits gesehen, dass es sich bei Gravitationswellen im Gegensatz zum Elektromagnetismus um Quadrupolwellen und nicht um Dipolwellen handelt. Daraus ergibt sich umgekehrt, dass Gravitationswellen nicht durch lineare Dipolbewegung erzeugt werden können. Allerdings ist eine sehr einfache Bewegung von Massen, die zur Erzeugung von Gravitationswellen führt, in der Astronomie sehr häufig: Zwei sich umkreisende Massen sind eine gute Gravitationswellenquelle. Je enger und damit schneller sich die Massen umkreisen, desto stärker ist der Gravitationswellenausstoß.

Die stärksten und mit den heutigen Detektoren gut nachweisbaren Gravitationswellen aus dieser Art von Prozess stammen von den kompaktesten astronomischen Objekten überhaupt: Neutronensternen und Schwarzen Löchern, also Endzuständen massereicher Sterne. Bis heute (Frühjahr 2024) haben die bodengebundenen Gravitationswellendetektoren mehr als 100 Signale von Ereignissen aufgenommen, bei denen sich kompakte Objekte dieser Art umkreisen und schließlich miteinander verschmelzen. Der weltraumgestützte Detektor LISA soll ab ca. 2035 auch Verschmelzungen supermassereicher Schwarzer Löcher in den Kernen von Galaxien nachweisen sowie sich umkreisende Weiße Zwerge und hoffentlich auch Gravitationswellensignale aus dem frühen Universum.

Indirekt nachgewiesen wurden Gravitationswellen bereits in den 1970er-Jahren: anhand des Binärpulsars PSR J1915+1606, auch als Hulse-Taylor-Pulsar bekannt, bei dem sich zwei Neutronensterne umkreisen. Wie die Umlaufzeit jenes Systems aufgrund des Energieverlusts durch Gravitationswellenabstrahlung mit der Zeit abnimmt, entspricht genau der Vorhersage der Allgemeinen Relativitätstheorie. Der erste direkte Nachweis dagegen, also die Messung des in Abb. 2.7 dargestellten Einflusses auf irdische Testmassen, gelang am 14. September 2015 und wurde im Februar 2016 veröffentlicht. Dieser Nachweis gelang mit den US-amerikanischen LIGO-Detektoren. Wichtige Teile der dabei eingesetzten Technik wurden durch ein internationales Konsortium entwickelt, zu dem auch das Albert-Einstein-Institut/Max-Planck-Institut für Gravitationsphysik in Deutschland gehört (Lück, 2017). Der Gravitationswellennachweis bringt eine weitere Welleneigenschaft ins Spiel, nämlich die des Laserlichts, das in den Detektoren eingesetzt wird. Stark vereinfacht funktionieren interferometrische Gravitationswellendetektoren wie LIGO wie das in Abb. 2.8 gezeigte Michelson-Interferometer: Licht von einer Laserlichtquelle L läuft zu einem Strahlteiler. Die Hälfte

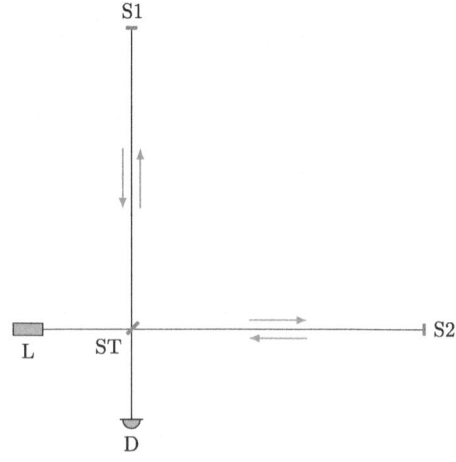

**Abb. 2.8** Vereinfachtes Michelson-Interferometer

des Lichts läuft geradeaus weiter zum Spiegel S2 und wird dort reflektiert, die andere Hälfte nimmt den Weg über den Spiegel S1. Zurück am Strahlteiler laufen Lichtanteile der beiden verschiedenen Wege kohärent überlagert zum Detektor D. Mit welcher relativen Phase die Lichtanteile dort ankommen, ergibt sich aus dem Unterschied der Weglängen über S1 bzw. über S2. Je nach relativer Phase kommt es für das in Richtung Detektor laufende Licht zu konstruktiver oder destruktiver Interferenz: Die Lichtanteile verstärken sich (Extremfall: Wellenberg trifft auf Wellenberg) oder schwächen sich ab oder löschen sich sogar aus (Extremfall: Wellenberg trifft auf Wellental). Strahlteiler und Spiegel sind frei aufgehängt und verhalten sich daher beim Durchgang einer Gravitationswelle ähnlich wie die frei schwebenden Teilchen in Abb. 2.7. Läuft die in jener Abbildung illustrierte Gravitationswelle senkrecht durch die Anordnung in Abb. 2.8, dann ändern sich die Abstände zwischen ST und S1 bzw. zwischen ST und S2: Ist der Abstand zwischen ST und S1 etwas gestreckt, so ist der Abstand zwischen ST und S2 etwas gestaucht, und umgekehrt. Die unterschiedlichen Abstände verändern die Lichtlaufzeiten und damit auch die Phasenverschiebung am Detektor D. Auf diese Weise lässt sich der Gravitationswelleneinfluss nachweisen.

Echte Detektoren sind natürlich beträchtlich komplexer. Um den extrem kleinen Einfluss der Gravitationswellen zumindest in einem begrenzten Frequenzbereich nachweisen zu können, ist eine optisch deutlich kompliziertere Anordnung nötig als in Abb. 2.8 skizziert. Die Armlänge wird dabei durch „Speichern" des Laserlichts (stark vereinfacht: das wiederholte Hin- und Herreflektieren zwischen zwei Spiegeln) von dem Strahlteiler-Spiegel-Abstand, der bei LIGO 4 km beträgt, auf effektiv 1080 km gesteigert. Das ist wichtig, da Gravitationswellen eine *relative* Abstandsänderung verursachen: Je größer ein Abstand bereits ist, desto größer sind die absoluten Längenänderungen, wenn eine bestimmte Gravitationswelle darauf wirkt. Hinzu kommen diverse aufwendige Vorkehrungen, eine Vielzahl von Störeffekten – temperaturbedingtes Zittern, statistische Schwankungen aufgrund der Quantennatur der Photonen, Bodenerschütterungen und mehr – so weit zu unterdrücken, dass der Gravitationswellennachweis überhaupt erst möglich wird.

Last, but not least ist das obige Bild von Laserlicht, mit dem winzige Änderungen der Armlängen vermessen werden, nur näherungsweise gültig, und zwar nur für Detektoren, in denen das Licht im Vergleich zur Gravitationswellenperiode wenig Zeit verbringt („Kurzarmnäherung"). Für größere Detektoren wie den weltraumgestützten Detektor LISA sowie für den Gravitationswellennachweis mithilfe ferner Pulsare (*pulsar timing array*), wie er im Sommer 2023 erstmals gemeldet wurde, muss berücksichtigt werden, dass die Gravitationswelle auch die Eigenschaften des Laserlichts selbst beeinflusst (Pössel, 2025).

So kompliziert und anspruchsvoll eine vollständige Beschreibung von Gravitationswellen, ihrer Erzeugung und ihrem Nachweis entsprechend ist: Die Grundlagen und insbesondere auch die einfachen Welleneigenschaften dieser neuartigen Wellen lassen sich vereinfacht im Schulunterricht besprechen und haben den Reiz eines neuen und spannenden Forschungsgebiets. Verschiedene physische und virtuelle Modelle können dabei helfen, die Einflussmuster von Gravitationswellen im Unterricht nachzuvollziehen und zu verstehen (Pössel, 2018; Kraus & Zahn, 2021).

**Danksagung** Ich danke Florian Seitz, Martin Wetz und Lutz Kasper für hilfreiche Kommentare zu verschiedenen Fassungen dieses Texts.

## Literatur

Bunn, E. F., & Hogg, D. (2009). The kinematic origin of the cosmological redshift. *American Journal of Physics, 77*, 688–694. https://doi.org/10.1119/1.3129103

Kraus, U., & Zahn, C. (2021). Gravitationswellen: Modelle und Experimente zu Signalformen, Wirkungen und Detektion. *Astronomie und Raumfahrt im Unterricht, 58*(4), 13–17.

Lück, H. (2017). Einsteins Fenster zum dunklen Universum. *Physik in unserer Zeit, 48*, 124–132. https://doi.org/10.1002/piuz.201701461

Pössel, M. (2018). *Relatively complicated? Using models to teach general relativity at different levels.* https://doi.org/10.48550/arXiv.1812.11589

Pössel, M. (2020). Das Milne-Universum: Die Expansion des Kosmos als relativistische Explosion. *Astronomie+Raumfahrt im Unterricht, 57*(6), 10–14. https://doi.org/10.5281/zenodo.12735261

Pössel, M. (2021). Das expandierende Universum in der Schule. *Astronomie+Raumfahrt im Unterricht, 58*(4), 6–12.

Pössel, M. (2025). Detecting gravitational waves with light. *American Journal of Physics*, im Druck.

# Elektromagnetische Wellen – Grundlagen und ausgewählte Anwendungen

3

Michael Vollmer

## 3.1 Definitionen und allgemeine Beschreibung von Wellen

Schwingungen (z. B. einer Pendeluhr oder Schaukel) sind periodische Vorgänge als Funktion der Zeit, die immer denselben Weg durchlaufen. Die jeweiligen Auslenkungen hängen somit nur von einer Variablen, der Zeit, ab. Sie werden meist durch lineare Differenzialgleichungen zweiter Ordnung beschrieben, deren einfachste Lösungen die harmonischen Funktionen Sinus oder Kosinus sind.

Im Unterschied hierzu sind Wellen (z. B. in Seilen, Federn, auf Wasseroberflächen und in Gasen) sich räumlich mit einer gewissen Geschwindigkeit ausbreitende Störungen als Funktion der Zeit (z. B. Hecht, 2018; Vollmer, 2024). Die entsprechenden Auslenkungen hängen jetzt von Raum und Zeit, d. h. zwei über die Ausbreitungsgeschwindigkeit miteinander verknüpften Variablen ab. Sie werden meist durch partielle lineare Differenzialgleichungen zweiter Ordnung beschrieben, deren einfachste Lösungen – ähnlich den Schwingungen – wieder die harmonischen Funktionen Sinus oder Kosinus sind.

Durch die Art der Auslenkung, ob senkrecht oder parallel zur Ausbreitungsrichtung, werden transversale oder longitudinale Wellen unterschieden. Bei Seilwellen, Wasserwellen und elektromagnetischen Wellen finden die Auslenkungen senkrecht zur Ausbreitungsrichtung statt, d. h., es handelt sich um transversale Wellen. Die Dichteschwankungen von Schallwellen in Gasen sind dagegen longitudinale Wellen. Wellen werden auch nach der Geometrie ihrer Wellenfronten unterschieden. Nahezu in einem Punkt lokalisierte Anregungen, beispielsweise ein Knall (Schall) oder eine in alle Raumrichtungen abstrahlende Lichtquelle (z. B. eine Kerzenflamme), senden – isotrope Medien vorausgesetzt – kugelsymmetrische Wellen aus. Es gibt

M. Vollmer (✉)
Department of Engineering, University of Applied Sciences Brandenburg,
Brandenburg an der Havel, Deutschland
E-Mail: michael.vollmer@th-brandenburg.de

© Der/die Autor(en), exklusiv lizenziert an Springer-Verlag GmbH, DE, ein Teil von Springer Nature 2025
L. Kasper, J. Winkelmann (Hrsg.), *Schwingungen und Wellen in Alltagskontexten*, https://doi.org/10.1007/978-3-662-70949-8_3

auch viele andere Geometrien. Stellen die Wellenfronten Ebenen dar, wird von ebenen Wellen gesprochen, einem in der Optik sehr häufig auftretenden Fall.

Diese Wellen werden am einfachsten durch ebene harmonische Wellen dargestellt. Sie werden durch ihre räumliche Periode, die Wellenlänge $\lambda$, und ihre zeitliche Periode $T$ beschrieben bzw. zumeist durch die Frequenz $f = 1/T$. Mit der Kreisfrequenz $\omega = 2\pi f$ und dem in Ausbreitungsrichtung weisenden Wellenvektor $\vec{k} = (2\pi/\lambda)\,\vec{e}_k$ schreibt sich eine solche von Ort und Zeit abhängige, elektromagnetische Welle mit der Auslenkung des elektrischen Felds somit als

$$\vec{E}(\vec{r},t) = \vec{E}_0 \sin\left(\vec{k}\cdot\vec{r} - \omega t + \varphi\right). \tag{3.1}$$

Für Wellen jeder Art, ob Schall-, Spiralfeder- und Wasserwellen oder elektromagnetische Wellen, ist die konstante Ausbreitungsgeschwindigkeit $v$ definiert durch $v$ = Weg/Zeit. Der Weg einer räumlichen Periode $\lambda$ wird in einer zeitlichen Periode $T$ zurückgelegt, d. h. (Abb. 3.1)

$$v = \frac{\lambda}{T} = \lambda \cdot f. \tag{3.2}$$

Der Wert der Ausbreitungsgeschwindigkeit hängt von der Art der Welle und der beteiligten Materie ab (Hering & Martin, 2017; Crawford, 1968). So hängt die Geschwindigkeit von Schallwellen in Gasen, d. h. von sich ausbreitenden Druck- bzw. Dichteschwankungen, von Druck $p$ und Dichte $\rho$ (und vom Adiabatenexponent $\kappa$) ab. Für die im Folgenden näher diskutierten elektromagnetischen Wellen wird die Ausbreitungsgeschwindigkeit als $c$ bezeichnet. In Materie ergibt sie sich aus Lösung der Wellengleichung zu (Hecht, 2018)

$$c = \frac{1}{\sqrt{\varepsilon_0 \cdot \varepsilon_r \cdot \mu_0 \cdot \mu_r}} = \frac{c_0}{\sqrt{\varepsilon_r \cdot \mu_r}} \tag{3.3}$$

mit der Vakuumlichtgeschwindigkeit $c_0 = \dfrac{1}{\sqrt{\varepsilon_0 \cdot \mu_0}} = 299.792.458\,\text{m/s}$. $\varepsilon$ und $\mu$ sind die im Elektromagnetismus üblichen Dieelektrizitäts- bzw. Permeabilitätskonstanten

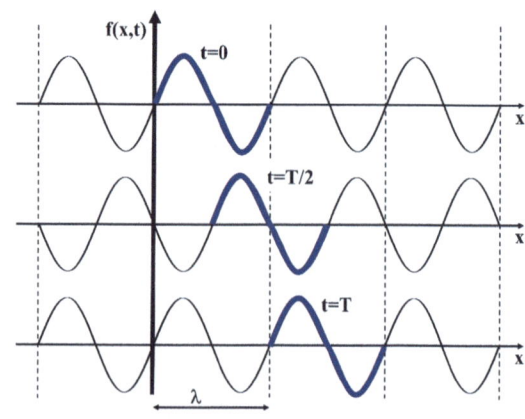

**Abb. 3.1** Eine harmonische Welle zu drei verschiedenen Zeitpunkten. Ein Wellenzug (dicke blaue Linie) bewegt sich in der Zeit $T$ um die Strecke einer Wellenlänge $\lambda$ weiter

des Vakuums (Index 0) bzw. relativen, dimensionslosen Konstanten in Materie (Index *r*). In der Optik werden meist unmagnetische Materialien mit $\mu_r \approx 1$ verwendet. Dann ergibt sich mit dem Brechungsindex $n = \sqrt{\varepsilon_r}$ vereinfacht

$$c = \frac{c_0}{n}. \qquad (3.4)$$

Alle Wellen transportieren immer auch Energie. Dies wird manchmal schmerzlich bewusst bei Sonnenbrand oder den umwerfenden Wasserwellen der Brandung. Der Energietransport von Wellen ist immer proportional zum Quadrat der jeweiligen Auslenkung. Im Fall elektromagnetischer Wellen mit der maximalen Auslenkung des elektrischen Felds $E_0$ ist die durch den Poynting-Vektor $\vec{S}$ beschriebene – wegen der hohen Frequenz zeitgemittelte – Bestrahlungsstärke beispielsweise gegeben durch

$$\langle |\vec{S}| \rangle = \frac{1}{2} c_0 \, n \, \epsilon_0 \, E_0^2. \qquad (3.5)$$

Der übliche einfache Ansatz ebener harmonischer Wellen ist letztlich dadurch begründet, dass sich beliebige willkürlich räumlich und zeitlich geformte Wellenpakete immer durch eine geeignete Überlagerung harmonischer Wellen erzeugen lassen nach der Theorie der Fourierreihen bzw. Fouriertransformationen.

## 3.2 Unterteilung elektromagnetischer Wellen und Eigenschaften optischer Strahlung

Licht hat im Kontext des Welle-Teilchen-Dualismus der Quantenphysik nicht nur Wellen- sondern auch Teilcheneigenschaften. Als Welle wird es beschrieben durch die Wellenlänge $\lambda$ und Frequenz $v$. Lichtteilchen, Photonen genannt, werden dagegen durch Energie $E$ und Impuls $p$ charakterisiert. Der Zusammenhang zwischen den beiden Darstellungen ist gegeben durch

$$E = h \cdot v = h \frac{c}{\lambda} \qquad (3.6a)$$

$$\vec{p} = \hbar \vec{k} = \frac{h}{\lambda} \vec{e}_k \qquad (3.6b)$$

mit dem Planck'schen Wirkungsquantum h = $6{,}626 \cdot 10^{-34}$ Js und dem in Ausbreitungsrichtung weisenden Wellenvektor $\vec{k} = \frac{2\pi}{\lambda} \vec{e}_k$ mit $|\vec{e}_k| = 1$.

Der Bereich technisch genutzter sowie wissenschaftlich untersuchter elektromagnetischer Wellen erstreckt sich über viele Größenordnungen (Abb. 3.2). Meist werden die Wellen in Abhängigkeit von Frequenz, Wellenlänge oder Energie der entsprechenden Photonen geordnet.

Letztere wird in Elektronenvolt (eV) angegeben, wobei 1 eV = $1{,}602 \cdot 10^{-19}$ J. Der sichtbare Spektralbereich (VIS von *visible*) umfasst nur den winzigen, farbig

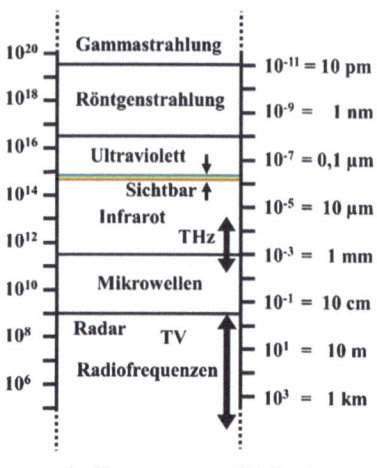

**Abb. 3.2** Übersicht der für Naturwissenschaft und Technik besonders wichtigen Bereiche des elektromagnetischen Spektrums, beschrieben entweder durch die Frequenz (links) oder die Wellenlänge (rechts). Das sichtbare Licht umspannt nur einen winzigen Bereich hiervon

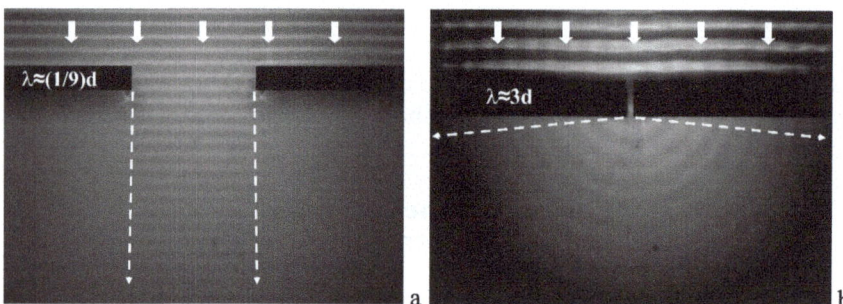

**Abb. 3.3** Demonstration der geradlinigen (**a**) und nichtgeradlinigen (**b**) Ausbreitung von einfallenden, ebenen Wasserwellen auf eine Blende variabler Größe $d$

markierten Bereich von $\lambda = 380$ nm bis etwa $\lambda = 780$ nm. Als optische Strahlung wird zumeist der Bereich vom ultravioletten (UV) über den sichtbaren (VIS) bis zum infraroten Bereich (IR) des Spektrums bezeichnet.

**Eigenschaften optischer Strahlung**

Optische Strahlung breitet sich – wie es für alle Wellen gilt – beim Auftreffen auf als Hindernisse dienende Objekte immer dann nahezu geradlinig aus, wenn die Wellenlänge der Strahlung klein gegen typische Objektdimensionen ist. Solch eine geradlinige Ausbreitung führt zu scharfen Schattenwürfen, welche eine einfache geometrische Beschreibung der Strahlung durch gerichtete Pfeile nahelegt. Dies ist das Regime der geometrischen Optik.

Nähert sich die Wellenlänge dagegen der Objektdimension, führt dies zu nichtgeradliniger Ausbreitung, die als Beugung durch Wellenoptik beschrieben werden muss. Abb. 3.3 zeigt dies an ebenen Wellenfronten von Wasserwellen der Wellen-

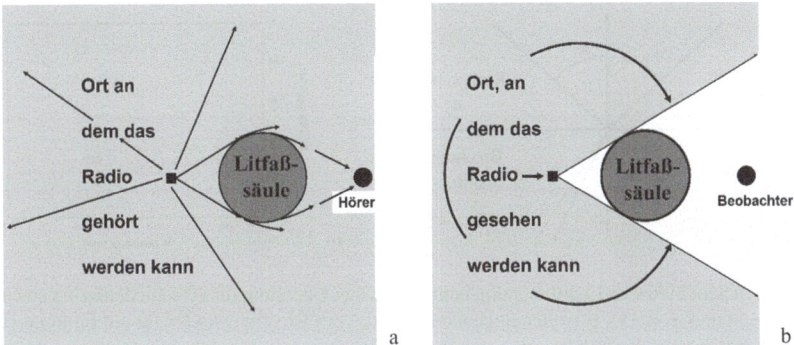

**Abb. 3.4** Beugung tritt bei allen Wellen auf, deren Wellenlänge vergleichbar zur Größe eines Objekts wird. Im Beispiel haben Schallwellen eine vergleichbare, Licht hat jedoch eine deutlich kleinere Wellenlänge als der Durchmesser der Säule. Die Lichtausbreitung wird daher geometrisch, die des Schalls jedoch wellentheoretisch beschrieben

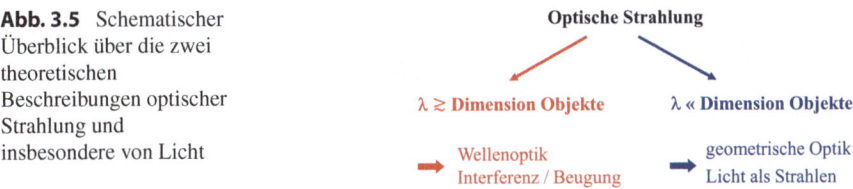

**Abb. 3.5** Schematischer Überblick über die zwei theoretischen Beschreibungen optischer Strahlung und insbesondere von Licht

länge $\lambda$ in einer Wellenwanne, die auf eine Spaltöffnung des Durchmessers $d$ treffen. Ist $\lambda$ klein gegen $d$ (Abb. 3.3a) zeigt sich ein recht scharfer Schatten und eine geradlinige Ausbreitung der transmittierten Welle. Bei kleinerer Öffnung (Abb. 3.3b) breitet sich die Welle in den gesamten Halbraum nichtgeradlinig aus.

Ähnlich zeigt Abb. 3.4 gleichzeitig die Beugung von Schallwellen bei $\lambda \approx d$ und geradliniger Ausbreitung von Lichtwellen bei $\lambda \ll d$ entsprechender Quellen (Radiolautsprecher und Anzeige-LED) hinter einer Litfaßsäule des Durchmessers $d$.

Abb. 3.5 fasst die Unterteilung der theoretischen Beschreibung von Strahlung zusammen.

## 3.3 Wechselwirkung elektromagnetischer Wellen mit Materie

Alle technischen Anwendungen elektromagnetischer Wellen und auch Beobachtungen optischer Phänomene sind letztlich auf die Wechselwirkung der Wellen mit Materie zurückzuführen (z. B. Hecht, 2018; Vollmer, 2024). In einer verallgemeinerten Darstellung lässt sich alles auf elementare Streuprozesse zurückführen. In der geometrischen Optik werden Änderungen der Ausbreitung des Lichts vereinfacht durch das Reflexions- und das Brechungsgesetz beschrieben (Abb. 3.6a). Dabei trifft Licht aus einem homogenen Medium kommend auf ein zweites homogenes Medium. Beide

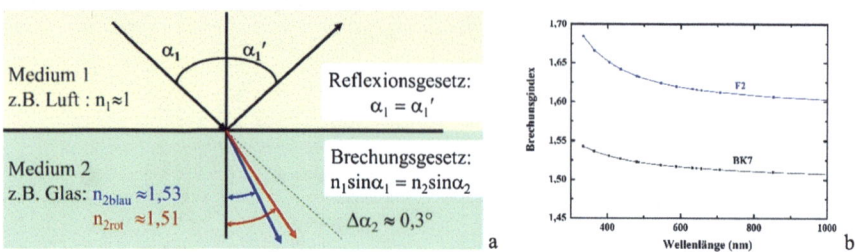

**Abb. 3.6** a Schematische Lichtbrechung beim Luft-Glas-Übergang für verschiedenfarbig erscheinendes Licht und $\alpha_1 = 35°$. b Wellenlängenabhängigkeit des Brechungsindex für ein Flintglas (F2) sowie ein Bor-Kron-Glas (BK7)

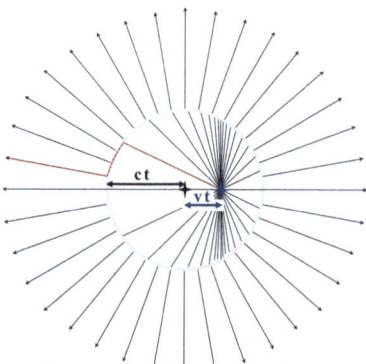

**Abb. 3.7** Elektrisches Feld einer Ladung, die bis zum Zeitnullpunkt in Ruhe war und sich dann nach sehr kleiner Beschleunigungszeit mit konstanter Geschwindigkeit entlang der positiven $x$-Achse bewegt. Im Übergangsbereich entsteht eine transversale elektromagnetische Welle (Vollmer, 2024, nach Crawford, 1968)

werden bezüglich ihrer Eigenschaften durch die Materialgröße Brechungsindex $n$ (Gl. 3.4) beschrieben. Er bestimmt bei der Reflexion den Reflexionsgrad, d. h. wie viel Licht reflektiert wird, und bei der Brechung die Richtungsänderung. $n$ hängt immer von der Frequenz bzw. Wellenlänge der Strahlung ab (Abb. 3.6b), was als Dispersion bezeichnet wird und zu vielen Farberscheinungen führt.

In der klassischen Elektrodynamik wiederum wird die Wechselwirkung elektromagnetischer Wellen mit Materie durch Streuung beschrieben. Das elektrische Feld $\vec{E}$ der Welle regt die beweglichen Elektronen mit Ladung $q$ über die Kraft $\vec{F} = q\vec{E}$ zu Schwingungen an. Jede Schwingung stellt eine beschleunigte Bewegung dar. In der klassischen Elektrodynamik führt jede Beschleunigung einer Ladung zur Abstrahlung elektromagnetischer Wellen, die als gestreute Wellen interpretiert werden. Dass beschleunigte Ladungen strahlen, wird durch die Spezielle Relativitätstheorie sofort verständlich (Crawford, 1968; Abb. 3.7). Die Lorentzkontraktion in Ausbreitungsrichtung verändert die Feldlinienverteilung gegenüber der im Ruhesystem der Ladung isotropen Ausrichtung. Bei einer Beschleunigung verändert sich somit die Feldverteilung, was im Übergangsbereich zu einem transversalen elektrischen Feld führt. Dieses manifestiert sich letztlich als transversale elektromagnetische Welle.

Die klassische Beschreibung sich auf Kreisbahnen bewegender und daher permanent beschleunigter Ladungen wurde noch im Bohr'schen Atommodell angewendet. Allerdings wurde per Postulat die Abstrahlung verboten, was nachträglich durch die quantenmechanische Interpretation der stationären Zustände begründet wurde. In der quantentheoretischen Beschreibung ist die Wechselwirkung von Licht mit Materie nur durch Übergänge zwischen verschiedenen Zuständen mittels dreier Prozesse möglich: Absorption, Spontanemission und induzierte Emission (Abb. 3.8). Dabei muss bei resonanten Übergängen die Energie der ausgetauschten Photonen gerade der Differenz der Bindungsenergien der beteiligten Zustände entsprechen. Reicht die Energie der Photonen nicht aus, können auch nichtresonante Übergänge geringerer Wahrscheinlichkeit auftreten, so z. B. bei der Rayleigh-Streuung.

Abb. 3.9 zeigt ausgewählte Beispiele für Emission und Absorption. Atome (Abb. 3.9a) können Licht definierter Wellenlängen absorbieren oder emittieren. Bei Molekülen (Abb. 3.9b) werden die Spektren komplexer, da zusätzlich zu elektronischen Anregungen auch solche durch Vibrationen und Rotationen der Atomkerne

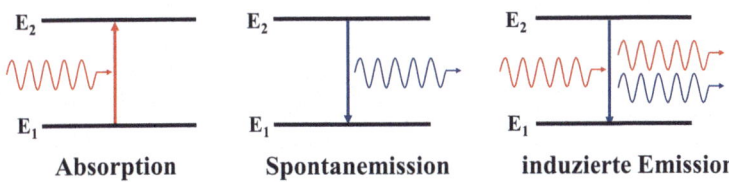

**Abb. 3.8** Drei elementare Wechselwirkungen von Licht der Energie $h\nu = E_2 - E_1$ mit zwei elektronischen Zuständen. Bei Absorption findet ein Übergang eines Elektrons von $E_1$ nach $E_2$ statt, bei der Spontanemission von einem angeregten Zustand $E_2$ nach $E_1$. Bei induzierter Emission wird der Übergang $E_2$ nach $E_1$ durch das einfallende Photon bewirkt

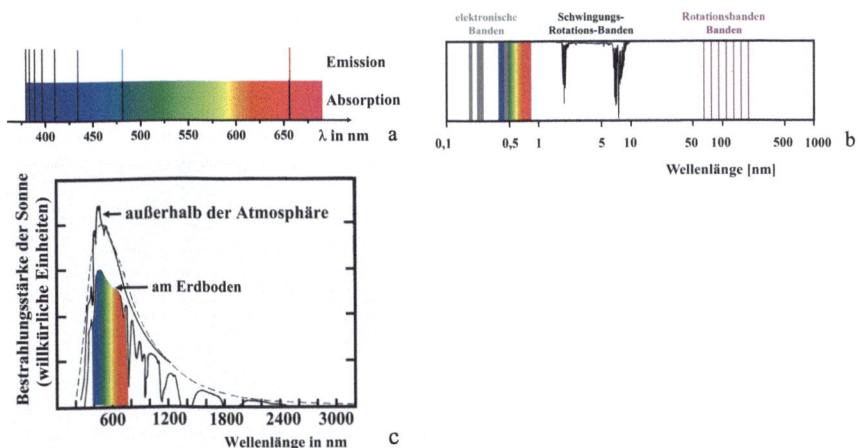

**Abb. 3.9** a Absorption und Emission der Balmer-Serie des H-Atoms. Einem Sonnenspektrum in Absorption überlagert entstehen die Fraunhoferlinien. b Übersicht der typischen Spektren eines Moleküls mit elektronischen Anregungen, Vibrations- und Rotationsanregungen. c Typisches Spektrum der Strahlung eines heißen Körpers, hier der Sonnenoberfläche, außerhalb der Erdatmosphäre und am Erdboden

auftreten. Ähnlich den Atomen entsteht ein molekülspezifischer, charakteristischer spektroskopischer Fingerabdruck. Heiße, undurchsichtige Körper wie Festkörper oder genügend große Gaskugeln, z. B. Sterne, senden dagegen durch Überlagerung unzähliger einzelner Emissionen ein sehr breites und weniger strukturiertes „Temperaturspektrum" aus (Vollmer & Möllmann, 2018).

## 3.4 Ausgewählte Anwendungen von elektromagnetischen Wellen in verschiedenen Spektralbereichen

Die für unser Weltbild vielleicht fundamentalste Anwendung elektromagnetischer Wellen liefert die Astronomie (siehe auch Kap. 2). Die quantitative Analyse verschiedener, aus dem Weltall auf die Erde einfallender elektromagnetischer Wellen hat zu unserem heutigen kosmologischen Weltbild geführt. Als kleinen Mosaikstein zeigt Abb. 3.10 den Himmelsausschnitt des sogenannten Carinanebels im sichtbaren und nahen infraroten Spektralbereich. Im sichtbaren Bild verbergen dicke Staubwolken durch intensive Lichtstreuung dahinterliegende Sterne. Weniger Lichtstreuung im infraroten Bereich gestattet den Blick durch die Staubwolken hindurch (Vollmer, 2023, 2024).

Kommerzielle Mikrowellengeräte, die bei Frequenzen von 2,45 GHz bzw. Wellenlängen von etwa 12,2 cm betrieben werden, dienen dem schnellen Erwärmen von Speisen (Vollmer, 2022). Die durch Magnetrons erzeugten Wellen werden über Wellenleiter in den Garraum mit typischen Dimensionen von grob 30 × 30 × 20 $cm^3$ eingekoppelt und jeweils an den Metallwänden reflektiert. Die sich ausbildende Feldverteilung führt – ohne weitere Maßnahmen – zu dreidimensionalen stehenden Wellen mit Knoten und Bäuchen im Abstand von $\lambda/2$, d. h. etwa 6 cm, d. h. einer inhomogenen Erwärmung (Abb. 3.11; Details siehe Möllmann und Vollmer, 2004; Karstädt et al., 2004).

In der Medizin sind elektromagnetische Wellen in der Diagnostik nicht mehr wegzudenken. Neben vielen Anwendungen wie Lichtwellenleitern in der Endo-

**Abb. 3.10** Der Carinanebel im sichtbaren (oben) und nahen IR-Bereich (unten). Das sichtbare Bild ist zusammengesetzt aus drei Bildern schmalbandiger Detektion bei $\lambda$ = 502, 656 und 673 nm mit den Falschfarben Blau, Grün und Rot. Das IR-Bild setzt sich aus zwei Bildern bei $\lambda$ = 1,26 und 1,64 µm zusammen (Falschfarben Cyan und Orange). NASA, ESA und das Hubble SM4 ERO Team

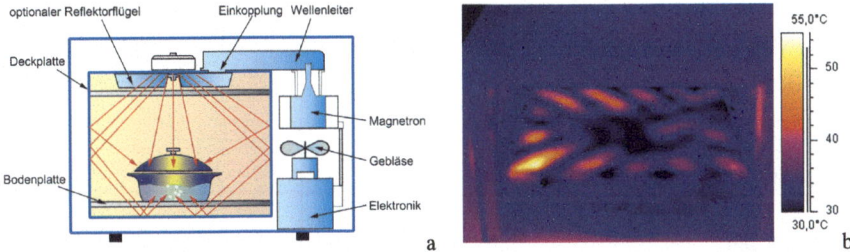

**Abb. 3.11** a Aufbau einer handelsüblichen Mikrowelle. b Typisches Modenmuster der Erwärmung eines dünnen Wasserfilms (Höhe 8 cm, ohne Reflektor und Drehteller)

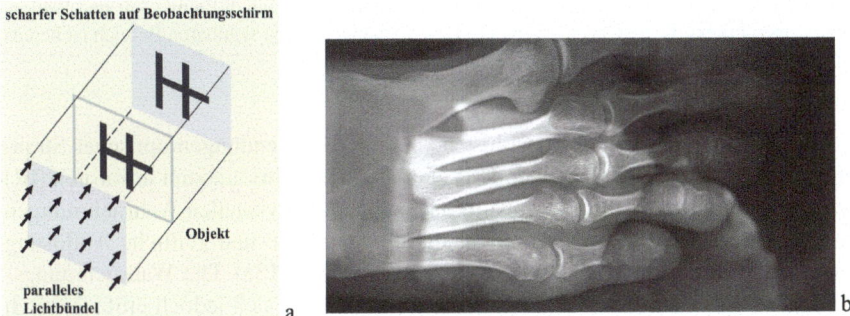

**Abb. 3.12** a Nach den Gesetzen der geometrischen Optik verursacht parallel einfallende Röntgenstrahlung an Objekten scharfe Schattenwürfe. b Beispiel einer detailreichen, modernen Röntgenaufnahme eines Fußes

skopie und Lasern in der Chirurgie zählen hierzu vor allem bildgebende Verfahren wie Ultraschall- und Röntgenaufnahmen sowie Tomografien. Das Grundprinzip normaler Röntgenaufnahmen zeigt Abb. 3.12a. Aufgrund der kleinen Wellenlängen kann eine geometrische Ausbreitung der hochenergetischen Strahlung angenommen werden, d. h., die Strahlung verursacht scharfe Schattenwürfe von durchstrahlten, absorbierenden Gewebe- und Knochenteilen (Abb. 3.12b).

Insbesondere in der Kommunikationstechnik sind elektromagnetische Wellen omnipräsent. Neben Lichtwellenleitern zur materiegebundenen, hochratigen Datenübertragung bei $\lambda \approx 1{,}5$ µm werden hauptsächlich durch Luft übertragene elektromagnetische Wellen eingesetzt. Dies reicht von den altbekannten, langreichweitigen Fernseh- und Radiofrequenzen über moderne Mobilfunknetze (GSM, UTMS, LTE …) und WLAN bis zu den kurzreichweitigen Bluetoothdatenübertragungen. Hierfür sind jeweils definierte Bandbreiten in Frequenzbereichen der Wellen vorgegeben, so z. B. zwischen 800–1880 MHz für GMS (Global System for Mobile Communications), im Bereich 1,92–2,17 GHz für UMTS (Universal Mobile Telecommunications Systems), zwischen 700 MHz und 3,6 GHz für LTE (Long Term Evolution) und um 2,4 GHz für WLAN und Bluetooth sowie auch um 5–6 GHz für WLAN-Netze.

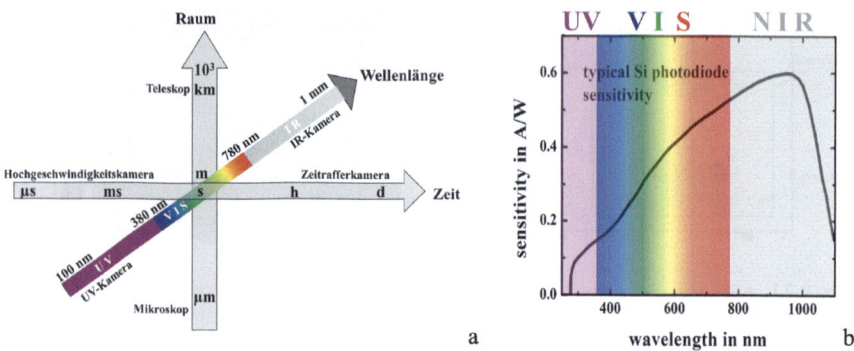

**Abb. 3.13** a Die Wahrnehmung des menschlichen Auges ist bezüglich Raum, Zeit und Wellenlänge eingeschränkt. b Die Überwindung der Beschränkung auf den sichtbaren Bereich ist bereits mit Si-Detektoren kommerzieller Kameras möglich

Im Folgenden seien zum Abschluss noch einige Anwendungen optischer Strahlung vom ultravioletten (UV) über den sichtbaren (VIS) bis hin zum infraroten (IR) Bereich diskutiert. Offensichtlich ist für alle subjektiven visuellen Wahrnehmungen das Auge wichtig, es ist jedoch in Bezug auf räumliche und zeitliche Auflösung sowie spektrale Empfindlichkeit eingeschränkt (Abb. 3.13a). Die Wahrnehmungsgrenzen für physikalische Vorgänge und Objekte lassen sich jedoch einfach durch geeignete optische Geräte mit – das Auge ersetzenden – Sensoren in Kamerasystemen überwinden. Dies erhöht die Zahl beobachtbarer technischer und natürlicher Phänomene und den daraus gewonnenen Informationsgehalt deutlich. Abb. 3.13b zeigt das Potenzial einfacher Kameras mit Siliziumdetektoren hinsichtlich der spektralen Erweiterung unserer Wahrnehmung. Die Empfindlichkeit typischer Si-Fotodioden reicht vom nahen UV bis hin zu $\lambda \approx 1100$ nm, d. h., eine entsprechend umgebaute, sichtbare Kamera kann auch als UV- oder Nah-IR-Kamera eingesetzt werden (Mangold et al., 2015), sobald der übliche VIS-Filter vor dem Detektorchip entfernt wird und UV- bzw. IR-Vorsatzfilter eingesetzt werden und natürlich die Linsen im UV Bereich transparent sind.

Betrachten desselben Objekts in einem anderen Spektralbereich kann bereits zu einer völlig neuen Wahrnehmung führen, wenn sich die physikalischen Eigenschaften stark ändern. Abb. 3.14 zeigt zwei Fotos derselben Objekte, einem Glas und einer Flasche Rotwein auf einem Tisch, im sichtbaren und nahen IR Bereich. Das sichtbare Bild entspricht unserer Erfahrung einer tiefroten Flüssigkeit in Glas und Flasche. Das NIR-Bild dagegen zeigt eine praktisch klare Flüssigkeit, d. h., der Wein sieht fast wie Wasser aus. Dies ist darauf zurückführen, dass Rotwein blaues und grünes Licht stark absorbiert, aber langwellige Strahlung oberhalb von 700 nm nahezu ungehindert passieren lässt, genauso wie das auch bei Wasser der Fall ist (Mangold et al., 2015).

Ähnlich werden charakteristische Unterschiede in Landschaftsaufnahmen deutlich beim Übergang vom UV- über den VIS-Bereich bis hin ins NIR. Abb. 3.15 zeigt dreimal dieselbe Landschaftsszene: Bäume, Teile eines Spielplatzes im Vordergrund, im Hintergrund ein Kirchturm und darüber Himmel mit Wolken. Bedingt durch den

3   Elektromagnetische Wellen – Grundlagen und ausgewählte Anwendungen    45

**Abb. 3.14**   VIS- (**a**) und NIR-Aufnahme (**b**) von Rotwein

**Abb. 3.15**   Dieselbe Szene – hier in Graustufen dargestellt – wurde nacheinander in verschiedenen Spektralbereichen aufgenommen. **a** UV-Bereich (350–400 nm). **b** VIS-Bereich (400–700 nm). **c** Nahes Infrarot (800–1000 nm)

Wechsel des spektralen Filters entstanden die Aufnahmen mit kurzem zeitlichem Abstand von wenigen Minuten, wie an der veränderten Wolkenformation zu sehen ist. Zur besseren Vergleichbarkeit wurden alle Bilder mittels Adobe Photoshop in Graustufen umgewandelt. Die Unterschiede in den Bildern liefern viele interessante physikalische Erkenntnisse. Zwei Effekte sind am auffälligsten. Erstens ist jegliche grüne Vegetation im NIR sehr hell, verglichen mit den anderen Spektralbereichen. Ursache dieses sogenannten Wood-Effekts ist das unterschiedliche Streu- und Absorptionsverhalten der Blätter (Mangold et al., 2015). Zweitens sticht insbesondere der sukzessiv

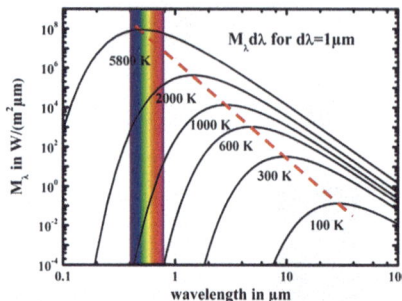

**Abb. 3.16** Spezifische Ausstrahlung Schwarzer Strahler verschiedener Temperaturen in doppeltlogarithmischer Darstellung. Objekte bei typischer Umgebungstemperatur liegen im thermischen IR. Sie werden durch spezielle Kameras mit ausgewählten Wellenlängenbereichen zwischen etwa 3 und 14 µm detektiert, welche störende Absorptionen der Atmosphäre umgehen

verbesserte Kontrast zwischen Wolken und Himmel bei der Detektion mit steigender Wellenlänge vom UV zum NIR ins Auge. Diese Kontrastveränderung lässt sich zwanglos durch die unterschiedliche Rayleigh-Streuung des Himmelslichts an den Luftmolekülen der Atmosphäre erklären (Vollmer & Shaw, 2022; Vollmer, 2023).

Letztlich betrachten wir Phänomene bei Beobachtung mit noch größeren Wellenlängen im IR-Bereich zwischen 8 und 14 µm mit IR-Kameras, auch als Thermokameras bezeichnet. Der physikalische Hintergrund: Jedes Objekt im Universum (abgesehen von Dunkler Materie, Dunkler Energie und Schwarzen Löchern) sendet elektromagnetische Wellen aus, deren Verteilung nur von der Temperatur abhängt. Deshalb wird die Strahlung Temperaturstrahlung oder Wärmestrahlung genannt. Das Spektrum der Strahlung wird durch das Planck'sche Strahlungsgesetz beschrieben (Abb. 3.16). Die Strahlung von Objekten um Raumtemperatur bis einige 100 °C liegt im sogenannten thermischen IR-Bereich mit Maxima zwischen etwa 3 und 10 µm (Vollmer & Möllmann, 2018).

Thermokameras detektieren die Wärmestrahlung von Objekten und visualisieren diese über eine Falschfarbendarstellung. Die Nützlichkeit von Thermokameras für die Lehre, insbesondere die qualitative Visualisierung thermischer Prozesse, z. B. bei Energieumwandlungen, wurde schon vor über 25 Jahren erkannt (Karstädt et al., 1999; Karstädt et al., 2001). Mittlerweile hat die Einführung preiswerter IR-Smartphone-Aufsätze sowie IR-Pocketkameras eine weite Verteilung mit Einsatz im Unterricht ermöglicht (Vollmer & Möllmann, 2020). Abb. 3.17 zeigt ein typisches Beispiel. Beim Bremsen eines Fahrrads wird die Bewegungsenergie des Fahrrads über die Reibungskräfte (unabhängig ob Rücktritt-, Felgen- oder Scheibenbremsen) letztlich in thermische Energie überführt. In Abb. 3.17 wurde der Reifen mit einer Rücktrittbremse blockiert. Durch die auftretenden Gleitreibungskräfte zwischen Reifen und Boden erwärmten sich sowohl die Unterlage (Abb. 3.17a) als auch der blockierte Reifen (Abb. 3.17b) deutlich. Wurde bei Reibungsprozessen im Unterricht früher nur lapidar der Übergang in thermische Energie erwähnt, kann er jetzt direkt und im Life-Experiment im Klassenzimmer oder auf dem Schulhof visualisiert werden.

3 Elektromagnetische Wellen – Grundlagen und ausgewählte Anwendungen

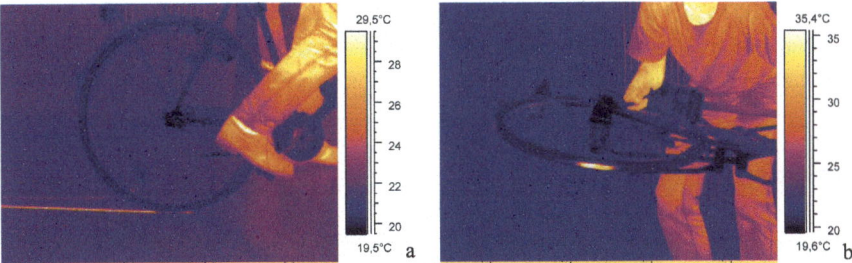

**Abb. 3.17** Erwärmung von Boden (**a**) und Reifen (**b**) beim Bremsen eines Fahrrads

**Abb. 3.18** VIS- (**a**) und IR-Bild (**b**) eines verputzten Fachwerkhauses. Unterschiede der Wärmeleitung innerhalb der Wand führen zu Unterschieden der Oberflächentemperaturen

Es gibt mittlerweile eine sehr große Zahl weiterer, im Unterricht sowohl qualitativ als auch quantitativ einsetzbarer Experimente aus allen Bereichen der Physik (Vollmer & Möllmann, 2018; Haglund et al., 2022). Ein letztes Beispiel, welches in den Medien gerne gezeigt wird, zum einen wegen der Notwendigkeit der Heizenergieeinsparung, zum anderen wegen der bunten Falschfarbenbilder, ist der Bereich Gebäudethermografie (Vollmer et al., 2011; Vollmer & Möllmann, 2018). Dadurch lassen sich Wärmebrücken und fehlende thermische Isolierung leicht nachweisen. Es ist sogar möglich, in die Gebäudehüllen hineinzuschauen. Abb. 3.18 zeigt ein von innen beheiztes, verputztes Fachwerkhaus im sichtbaren Bereich sowie dem thermischen IR. Die Wärmeleiteigenschaften zwischen den tragenden Holzbalken und den mit Stroh, Lehm usw. gefüllten Gefachen unterscheiden sich deutlich. Je nach Wärmeleitung stellen sich verschiedene Energieströme durch die Wand ein, die sich als unterschiedliche Oberflächentemperaturen der Außenwand zeigen.

Dieser Ausflug in die Thermografie schließt den kurzen Überblick ausgewählter Anwendungen elektromagnetischer Wellen ab. Es gibt natürlich eine Vielzahl weiterer Beispiele aus Natur, Alltag, Technik und Wissenschaft. Diese reichen von einfachen, qualitativ mit dem Auge beobachtbaren, optischen Naturphänomenen wie Regenbögen, Luftspiegelungen oder Halos bis hin zur quantitativen Umweltanalytik mit hochauflösender Atom- und Molekülspektroskopie, d. h. existenziell wichtigen Fragen, z. B. wie viel Schwermetall im Trinkwasser ist oder welche Schadstoffkonzentrationen wir in der Erdatmosphäre detektieren. Es gibt viel zu tun (zu sehen, zu messen, zu interpretieren), packen Sie's an!

## Literatur[1]

Crawford, F.S. (1968). *Berkeley Physics course Vol 3, waves*. McGraw Hill. (deutsch: *Berkeley Physik Kurs Bd. 3, Schwingungen und Wellen*, Vieweg (1974)).
Haglund, J., Jeppsson, F., & Schönborn, F. K. (Hrsg.). (2022). *Thermal Cameras in Science Education*. Springer.
Hecht, E. (2018). *Optik*, 7. Aufl. De Gruyter).
Hering, E., & Martin, R. (Hrsg.). (2017). *Optik für Ingenieure und Naturwissenschaftler*. Hanser, München.
Karstädt, D., Pinno, F., Möllmann, K.-P., & Vollmer, M. (1999). Anschauliche Wärmelehre im Unterricht: ein Beitrag zur Visualisierung thermischer Vorgänge. *Praxis der Naturwiss. Physik,* 5(48), 24–31.
Karstädt, D., Möllmann, K.-P., Pinno, F., & Vollmer, M. (2001). There is more to see than eyes can detect: Visualization of energy transfer processes and the laws of radiation for physics education. *The Physics Teacher, 39*, 371–376. https://doi.org/10.1119/1.1407135
Karstädt, D., Möllmann, K.-P., & Vollmer, M. (2004). Eier im Wellensalat: Experimente mit der Haushaltsmikrowelle. *Physik in unserer Zeit, 35*(2), 90–96. https://doi.org/10.1002/piuz.200401033
Mangold, K., Shaw, J. A., & Vollmer, M. (2015). Rotwein zu Wasser. *Physik in unserer Zeit, 46*(1), 12–16. https://doi.org/10.1002/piuz.201401375
Möllmann, K.-P., & Vollmer, M. (2004). Kochen mit Zentimeterwellen: Die Physik der Haushaltsmikrowelle. *Physik in unserer Zeit, 35*(1), 38–44. https://doi.org/10.1002/piuz.200401032
Vollmer, M. (2022). Physics of the electromagnetic spectrum, Chap. 1. In V. M. Gómez-López & R. Bhat (Hrsg.), *Electromagnetic technologies in food science*. Wiley.
Vollmer, M. (2023). Die Grenzen des Auges. *Physik Journal, 22*(3), 28–33.
Vollmer, M. (2024). *Optik und ihre Phänomene*. Springer.
Vollmer, M., & Möllmann, K.-P. (2018). *Infrared thermal imaging: Fundamentals, research and applications* (2. Aufl., completely revised and extended ed.). Wiley.
Vollmer, M., & Möllmann, K.-P. (2020). Unsichtbares sichtbar gemacht – Infrarotkameras für Smartphones. *M. Vollmer, K.-P. Möllmann, Physik in unserer Zeit, 51*(1), 29–35. https://doi.org/10.1002/piuz.201901551
Vollmer, M., & Shaw, J. A. (2022). Seeing better in nature: contrast enhancement by near infrared imaging. *European Journal of Physics, 43*, 034001. (19p). https://doi.org/10.1088/1361-6404/ac578d
Vollmer, M., Möllmann, K.-P., & Pinno, F. (2011). Die Versuchung bunter Bilder – Gebäudethermographie unter der Lupe. *Physik in unserer Zeit, 42*(4), 176–184. https://doi.org/10.1002/piuz.201101272

---

[1] Für den einfacheren Einsatz im Unterricht wurde versucht, hauptsächlich deutschsprachige Literatur zu zitieren, selbst wenn englische Originalarbeiten häufig früher erschienen.

# Messen mit Licht

Roger Erb

## 4.1 Problemstellung

Licht breitet sich mit einer derart großen Geschwindigkeit aus, dass die unmittelbare Wahrnehmung der Bewegung unmöglich ist. Dies erschwert es, im Physikunterricht eine angemessene Vorstellung von Licht und seiner Ausbreitung zu konstruieren (Galili, 1996). Da die Idee der Ausbreitung aber die Grundlage für das Sender-Empfänger-Modell der visuellen Wahrnehmung bildet, kann es hilfreich sein, im Physikunterricht die Ausbreitungsgeschwindigkeit des Lichts zu messen. Hierfür bietet sich besonders die Impulsmethode an, bei der die Laufzeit periodischer Pulse einer Leuchtdiode gemessen wird. Die hierfür typischerweise benutzte Lichtlaufstrecke beträgt 10 m und als hinreichend genau auflösende Uhr wird ein schnelles Oszilloskop verwendet. Andere Verfahren wie etwa die Drehspiegelmethode von Foucault oder die Zahnradmethode nach Fizeau sind dagegen schwieriger zu realisieren (Erb, 2005). Genau genommen kann man die Lichtgeschwindigkeit allerdings heute nicht mehr messen, denn seit 1983 ist ihr im Rahmen des Internationalen Einheitensystems der Wert 299.792.458 m/s zugewiesen – mit einer Apparatur zur Lichtgeschwindigkeitsmessung misst man daher eigentlich eine Länge.

Auch Geräte, die für eine Entfernungs- oder Längenbestimmung entwickelt worden sind, nutzen oft die Ausbreitung von Licht. Solche Entfernungsmessgeräte haben als Lichtquelle eine Laserdiode eingebaut („Laser-Rangefinder") und sind in Baumarktqualität für einen Preis von etwa 30 € zu bekommen und damit deutlich günstiger als die Apparatur zur Messung der Lichtgeschwindigkeit mit der Impulsmethode.

---

R. Erb (✉)
Goethe-Universität Frankfurt, Institut für Didaktik der Physik, Frankfurt, Deutschland
E-Mail: roger.erb@physik.uni-frankfurt.de

Wie wird die Messtechnik in dem Baumarktgerät zu einem derart niedrigen Preis ermöglicht – ein Gerät, das zudem eine Messgenauigkeit von unter einem Zentimeter aufweist? Dies ist keine Frage, die sich zwingend im Rahmen des Optikunterrichts stellt – allerdings kann sie sich durchaus in dessen Umfeld ergeben. Es zeigt sich, dass die Wirkungsweise eines solchen Geräts nicht leicht zu durchschauen ist. Der Entfernungsmesser lässt sich aber für Experimente verwenden, die Aufschluss über die Ausbreitung von Licht geben, und daher ist eine Information über die Wirkungsweise dieser Geräte hilfreich.

## 4.2 Triangulation

Ein Laserentfernungsmessgerät sendet ein Laserlichtbündel aus, das an einer Oberfläche gestreut wird. Mit dem zurückgestreuten Licht wird die Entfernung des angeleuchteten Objekts bestimmt. Eine naheliegende Überlegung ist, dass die Entfernungsmessung auf Triangulation beruht, wobei die Detektion in einem gewissen Abstand neben dem Ort zum Aussenden des Lichts erfolgt. Damit wäre die Messung konzeptionell ähnlich der Wirkungsweise der früher in Kameras üblichen Mischbildentfernungsmessgeräte, bei denen ein Punkt des zu fotografierenden Objekts durch zwei nebeneinanderliegende Optiken betrachtet wird.

Mit einem einfachen Aufbau kann dies überprüft werden. Hierzu richtet man das Lichtbündel des Entfernungsmessgeräts zunächst auf einen nahen Gegenstand und misst dadurch dessen Entfernung (Abb. 4.1a). Anschließend lenkt man das Lichtbündel mit Prismen oder Spiegel auf einen Umweg, der schließlich an derselben

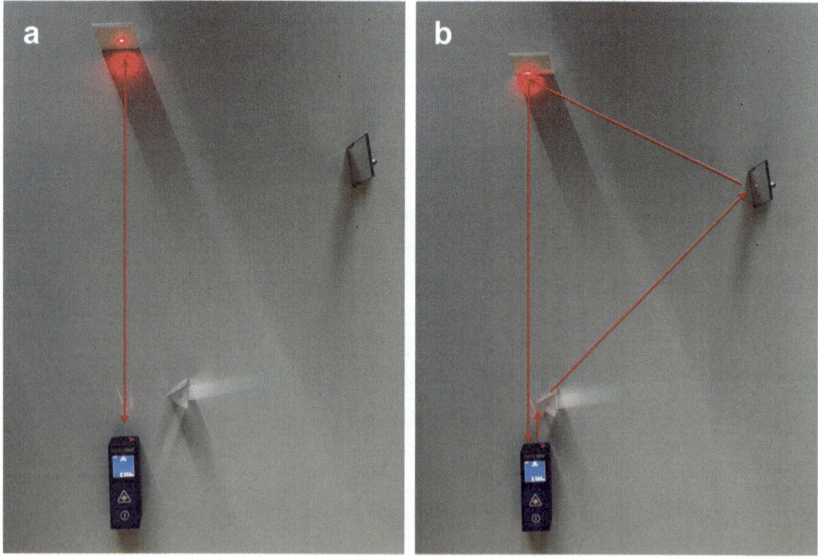

**Abb. 4.1** Ausschließen der Messung durch Triangulation

Stelle auf demselben Gegenstand endet (Abb. 4.1b), und vergleicht die Messung mit der vorherigen. Tatsächlich wird nun eine längere Messstrecke angegeben, was ein Beleg dafür ist, dass die tatsächliche Länge des Lichtwegs gemessen wird. Bei einer trigonometrischen Messung des Auftrefforts des Lichtbündels hingegen hätte man in beiden Fällen dasselbe Messergebnis erwartet (vgl. auch Video zum Entfernungsmessgerät, die weitere Erklärung muss jedoch mit Vorsicht betrachtet werden).

## 4.3 Pulsmessung 1 (*time-domain reflectometry*)

Die nächstliegende Vermutung ist, dass die Ausbreitung eines Lichtpulses gemessen wird, ähnlich der Methode der oben genannten Lichtgeschwindigkeitsmessung. Hierfür würde man ein Signal losschicken (dabei auf einem Oszilloskop aufzeichnen) und das zurückkommende Signal messen (und auch auf dem Oszilloskop darstellen). Damit erhält man $\Delta t$ und kann mit der Lichtgeschwindigkeit $c$ (in Luft etwa so groß wie im Vakuum) $\Delta s$ ausrechnen (Abb. 4.2). Hierfür benötigt man ein definiertes Signal, also einen Lichtpuls, wie bei der Geschwindigkeitsmessung.

Aber eine Messung dieser Laufzeitdifferenz ist nicht einfach bzw. günstig. Bei der erwünschten Auflösung müssten Pikosekunden gemessen werden können. Ein Oszilloskop oder der Taktgeber in einer Uhr muss eine entsprechend hohe Taktfrequenz haben. Für eine Messgenauigkeit von $\Delta s = 1$ cm ergibt sich für die zu messende Laufzeit $\Delta t$ mit der Lichtgeschwindigkeit $c$ in Luft von etwa $c = 3 \cdot 10^8 \frac{m}{s}$:

$$c = \frac{\Delta s}{\Delta t} \Rightarrow \Delta t = \frac{\Delta s}{c} \approx 3 \cdot 10^{-11}\,\text{s} = 0{,}03\,\text{ns}. \tag{4.1}$$

Der Taktgeber einer Uhr oder eines Oszilloskops muss für diese Genauigkeit mit der Frequenz $f = \frac{1}{t} \approx 3 \cdot 10^{10} \frac{1}{s}$ auflösen, was für den Preis eines Baumarktgeräts nicht zu realisieren ist.

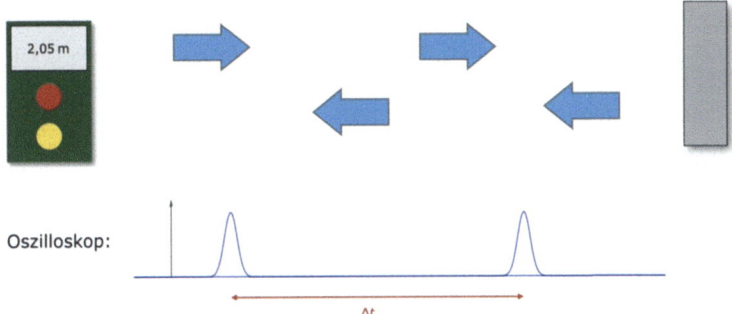

**Abb. 4.2** Messung der Laufzeitdifferenz mit der Pulsmethode

## 4.4 Phasenmessung 1 (*frequency-domain reflectometry*)

Statt der Laufzeit eines oder mehrerer Lichtpulse könnte man auch die eines aufmodulierten Signals messen. Im einfachsten Fall wird hierfür die Amplitude des Laserlichtbündels in Form einer niederfrequenten Sinusfunktion moduliert. Man könnte dann das Eintreffen eines Minimums oder Maximums detektieren, wobei die Wellenlänge des Amplitudensignals größer als das Doppelte der Messstrecke sein muss, um eine eindeutige Zuordnung treffen zu können. Allerdings stellt sich das gleiche Problem der genauen Zeitmessung wie bei der oben ausgeführten Pulsmethode.

Auf eine interessante Möglichkeit weist der Autor des bereits erwähnten Videos (Video zum Entfernungsmessgerät) hin: Mit einem Taktgeber wird das Lichtbündel sinusförmig amplitudenmoduliert. Sowohl das ausgesendete wie auch das nach dem Durchlaufen der Messstrecke empfangene Signal werden direkt mit dem Signal eines zweiten Taktgebers, der eine geringfügig andere Frequenz hat, addiert. Im Ergebnis entstehen zwei Schwebungssignale. Das aufmodulierte Amplitudensignal des ausgesendeten und des empfangenen Lichtbündels weisen eine Phasendifferenz und die dieser entsprechende (sehr kurze) Laufzeitdifferenz $\Delta t$ auf. Die beiden Schwebungssignale weisen hierbei dieselbe (!) Phasendifferenz auf. Da die Schwebung allerdings eine sehr viel niedrigere Frequenz hat als die ursprüngliche Amplitudenmodulation, gehört zu dieser Phasendifferenz eine entsprechend größere Zeitdifferenz, die sich sehr viel einfacher und damit kostengünstiger messen lässt.

## 4.5 Pulsmessung 2

Tatsächlich werden in den üblichen Messgeräten oft andere Verfahren realisiert. In einer Variante wird die Pulsmethode durch Kombination mit einem analogen Messverfahren verbessert. Hierzu wird die Laufzeit des ausgesendeten Lichtpulses zunächst mit einem vergleichsweise groben Taktgeber bestimmt (Abb. 4.3).

Beim Aussenden des Lichtsignals beginnt die Zeitmessung, beim Empfangen endet sie. Während dieser Zeitdauer („Toröffnung") wird die Zahl der Takte des Taktgebers gezählt. Die Zeit bis zum ersten Flankenanstieg des Takts $t_S$ ist damit noch nicht berücksichtigt, umgekehrt wird dafür noch der auf die Toröffnung folgende Flankenanstieg mitgezählt, daher muss die Zeit zwischen dem Empfang des Signals und dem Flankenanstieg $t_E$ subtrahiert werden. Die Pulslaufzeit ist daher bei $n$ ansteigenden Flanken während der Toröffnung und der Taktfrequenz $f$

$$\Delta t = (n+1) \cdot \frac{1}{f} + t_S - t_E. \qquad (4.2)$$

Zur Bestimmung von $t_S$ und $t_E$ werden zwei Kondensatoren benutzt. Diese werden während der beiden Zeitdifferenzen mit konstanter Stromstärke geladen. Das Aufladen des ersten Kondensators beginnt mit dem Registrieren des Aussendens des Lichtpulses und endet mit der ersten nachfolgenden Taktflanke. Das Aufladen des

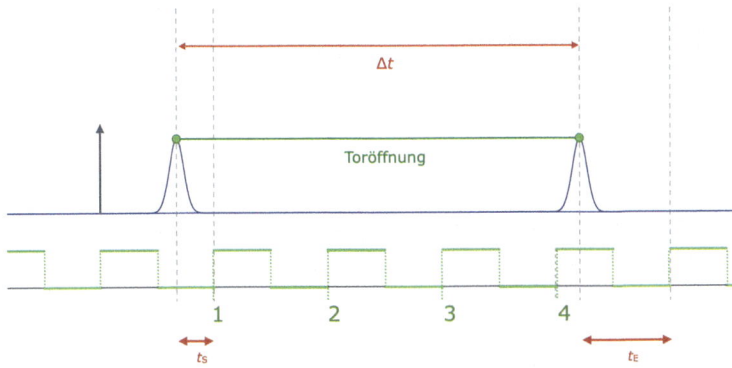

**Abb. 4.3** Messung der Laufzeit eines Lichtpulses mit einem groben Taktgeber

zweiten Kondensators beginnt mit dem Registrieren des reflektierten Signals und endet mit der ersten nachfolgenden Taktflanke. Da $Q = I\,t$ und $U = \dfrac{Q}{C}$ folgt $t \sim U$; mit dem Auslesen der Kondensatorspannungen können also die benötigten Zeitdifferenzen bestimmt werden. Die Messung kann durch Aussenden mehrerer Pulse verbessert werden. Sie ist kostengünstig zu realisieren, da der Taktgeber nur grob auflösen muss und die Kondensatorschaltung auf vergleichsweise einfacher Analogtechnik basiert. Statt sehr kleiner Zeitspannen werden also Spannungen gemessen (Joeckel & Stober, 1999). Es ist daher zu vermuten, dass das von uns verwendete Messgerät dieses Verfahren nutzt.

## 4.6 Phasenmessung 2

Ähnliche Messverfahren werden in modernen LiDAR-Geräten eingesetzt (LiDAR für *light detection and ranging*), die auch in manchen Smartphones zum Einsatz kommen. Diese sind bildgebend; es wird nicht nur die Entfernung zu einem bestimmten Objekt gemessen, sondern der umgebende Raum vermessen. Dies kann mit einem Laserscanner geschehen oder mit einem PMD-Sensor (PMD für *photonic mixing device*). Ein solcher Sensor ist vergleichbar mit dem Bildsensor einer Digitalkamera, wobei aber die Entfernung der abgebildeten Szenerie verarbeitet wird. Solche Sensoren werden auch TOF-Sensoren (TOF für *time of flight*) genannt, da die Laufzeit von Lichtpulsen gemessen wird, wobei diese Pulse in Form eines periodischen Rechtecksignals vorliegen oder auch die sinusförmig modulierte Amplitude des Lichts sein können.

Wird ein amplitudenmoduliertes Signal verwendet, so werden das ausgesendete und das zurückerhaltene Signal direkt in jedem Pixel des Sensors „gemischt", womit die Multiplikation der beiden Signale gemeint ist (*analog multiplier*; PerkinElmer, 2000). Hierbei entsteht ein (zusätzlicher) Offset in Form eines Gleichstromsignals, der ein Maß für die Phasenverschiebung ist und damit ein Maß für die Entfernung des von dem jeweiligen Sensorpixel beobachteten Gegenstandspunkts (Heckenkamp, 2008).

In einem verwandten Verfahren wird die in jedem Pixel durch das einströmende Licht generierte elektrische Ladung in einem von zwei Bereichen gespeichert (vgl. Abschn. 4.5), wobei die Tore zum Abspeichern mit dem Signal des ausgesendeten Lichts geschaltet werden (*digital switching multiplier*). Je nach Phasenverschiebung des zurückkommenden Lichts enthalten die beiden Bereiche dadurch am Ende des Messprozesses eine unterschiedliche Ladungsmenge. Deren Differenz ist somit ein Maß für die Entfernung (Gokturk et al., 2004).

Beide geschilderten Verfahren besitzen den Vorteil, dass die Messung jeweils nicht nur für die Dauer eines kurzen Pulses, sondern über eine gewisse Zeitdauer aufaddiert erfolgt, wodurch sich das Signal-Rausch-Verhältnis verbessert.

In einer weiteren Variante kommt eine *single photon avalanche diode* (SPAD) zum Einsatz, bzw. mehrere auf einem bildgebenden Chip (Eisele, 2013).

## 4.7 Verwendung des Baumarktgeräts

Wir haben das Signal des von uns verwendeten Messgeräts mit einer schnellen Photodiode auf einem Oszilloskop dargestellt (Abb. 4.4). Dieses weist keinen amplitudenmodulierten Anteil auf, sondern eine Abfolge von diskreten Pulsen.

Den in Abschn. 4.4 und 4.6 beschriebenen Verfahren ist gemeinsam, dass zur Messung lediglich eine vergleichsweise niedrige und damit kostengünstig zu realisierende Modulationsfrequenz bzw. Messgenauigkeit erforderlich ist. Mit geringerer Frequenz der Amplitudenmodulation wächst zugleich auch die Entfernung, in der eindeutig gemessen werden kann (siehe Beginn von Abschn. 4.4). Für eine Frequenz von $f = 10$ MHz ergibt sich so

$$\Delta s = \frac{\lambda}{2} = \frac{c}{2f} \approx \frac{3 \cdot 10^8 \, \text{m}}{2 \cdot 10 \cdot 10^6} \approx 15 \, \text{m}. \tag{4.3}$$

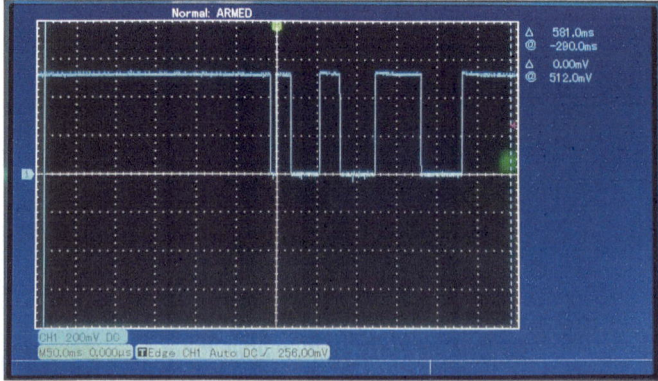

**Abb. 4.4** Aufnahme des Messsignals eines der von uns verwendeten Messgeräte

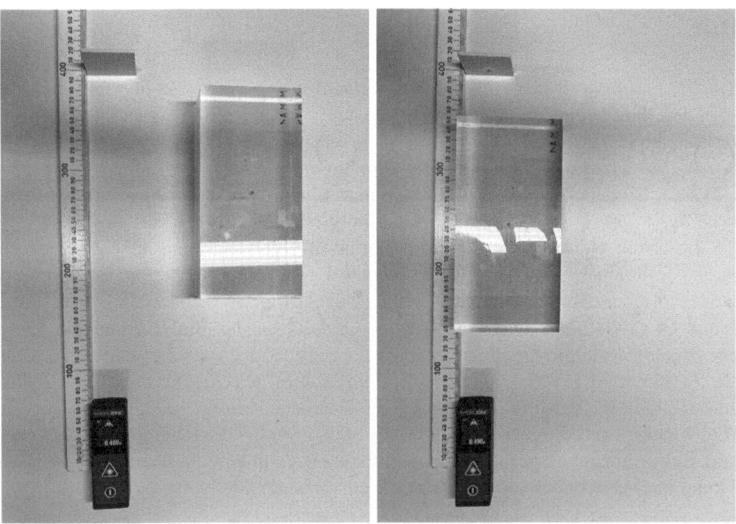

**Abb. 4.5** Bestimmen der Brechzahl eines Blocks aus Plexiglas

Eine solche Modulationsfrequenz wäre beim Überprüfen des Lichtsignals mit dem Oszilloskop erkennbar. Tatsächlich zeigte sich nur eine deutlich langsamere Pulsfolge. Wir schließen daraus, dass in unserem Gerät eine Messung wie in Abschn. 4.5 beschrieben stattfindet.

Im Physikunterricht kann das Gerät zum Beispiel verwendet werden, um die Brechzahl transparenter Medien zu bestimmen. Hierzu wird zunächst die Entfernung zu einem nahen Objekt eingestellt; im Beispiel die doppelte Länge eines zu vermessenden Quaders aus Plexiglas (Abb. 4.5a; man beachte, dass das Gerät nicht ab seiner Vorderkante misst). Dann wird der Quader in den Lichtweg gebracht und mit dem Messgerät die optische Weglänge $OWL$ bestimmt (Abb. 4.5b). Diese ist mit den beiden Teilstrecken in Luft $n_1 s_1$ und im Plexiglas $n_2 s_2$

$$OWL = n_1 s_1 + n_2 s_2 \qquad (4.4)$$

Mit $s_1 = s_2$ und $n_1 = 1$ ergibt sich die Brechzahl in Plexiglas

$$n_2 = \frac{OWL - n_1 s_1}{s_2} = \frac{0{,}49\,\text{m} - 0{,}2\,\text{m}}{0{,}2\,\text{m}} = 1{,}45. \qquad (4.5)$$

**Danksagung** Für hilfreiche Diskussionen danke ich Jörn Hoffarth, Robert Bosch GmbH; Christoph Simon (LTI), KIT; Prof. Dr. Klaas Bergmann, RPTU Kaiserslautern-Landau; Prof. Dr. Christoph Heckenkamp, Hochschule Darmstadt und Prof. Dr. Stephan Neser, Hochschule Darmstadt

## Literatur

Eisele, A. (2013). *Millimeter-precision laser rangefinder using a low-cost-photon counter.* Dissertation, KIT. https://play.google.com/books/reader?id=Op6NCwAAQBAJ&pg=GBS.PA146. Zugegriffen am 02.05.2025.

Erb, R. (2005). Der Fizeau-Versuch in neuem Gewand. *Physik in unserer Zeit, 36*, 274–277.

Galili, I. (1996). Students' conceptual change in geometrical optics. *International Journal of Science Education, 18*(7), 847–868. https://doi.org/10.1080/0950069960180709

Gokturk, S. B., Yalcin, H., & Bamji, C. (2004). A time-of-flight depth sensor – System description, Issues and Solutions. *Conference on Computer Vision and Pattern Recognition Workshop.* https://ieeexplore.ieee.org/document/1384826. Zugegriffen am 02.05.2025.

Heckenkamp, C. (2008). Das magische Auge – Grundlagen der Bildverarbeitung: Das PMD-Prinzip. *Inspect, 1*(2008), 25–28.

Joeckel, R., & Stober, M. (1999). *Elektronische Entfernungs- und Richtungsmessung.* Wittwer.

PerkinElmer. (2000). *What is a Lock-in Amplifier? Technical Note TN 1000.* http://users.df.uba.ar/acha/Lab4/lockin1.pdf. Zugegriffen am 02.05.2025.

Video zum Entfernungsmessgerät. (o.J.). https://www.youtube.com/watch?v=pcw3Ue3cLUo (Erklärung mit Vorsicht behandeln). Zugegriffen am 02.05.2025.

# Elektromagnetische Strahlung im Anfangsunterricht

## 5

Sarah Zloklikovits

## 5.1 Einleitung

Was geschieht bei einer Röntgenuntersuchung? Warum ist es notwendig, sich vor UV-Strahlung zu schützen? Und ist die Strahlung, die ein Handy aussendet, tatsächlich gefährlich? Hinter all diesen Alltagsfragen verbirgt sich der physikalische Themenbereich der elektromagnetischen Strahlung. Typischerweise wird dies allerdings erst im Physikunterricht der Oberstufe unterrichtet. Im Zuge eines Dissertationsprojekts wurde der Frage nachgegangen, wie elektromagnetische Strahlung bereits sinnvoll im Pflichtschulbereich gelehrt und gelernt werden kann. Ziel dieser Forschungsarbeit war es, ein Unterrichtskonzept zu entwickeln, das den Lernenden einen verständlichen Zugang zu elektromagnetischer Strahlung bietet. Der wichtigste Anspruch bei der Entwicklung war, dass das Unterrichtskonzept evidenzbasiert ist, also auf dem bestehenden didaktischen Forschungsstand aufbaut, und dass die Entwicklung des Konzepts von Forschung begleitet und abgesichert wird. Das Themengebiet der elektromagnetischen Strahlung wurde im Zuge einer didaktischen Rekonstruktion für Lernende der Sekundarstufe 1 aufbereitet, wobei hier eine Orientierung am Anfangsunterricht zur Optik erfolgte. Der Lehrgang wurde für die achte Schulstufe konzipiert – dies stellt das letzte Schuljahr im österreichischen Bildungssystem dar, in dem Schülerinnen und Schüler nach dem gleichen Lehrplan unterrichtet werden.

In diesem Beitrag soll das Unterrichtskonzept in seinen Grundzügen vorgestellt und einige der durch das Projekt gewonnenen Erkenntnisse zu Lehr-Lern-Prozessen zu elektromagnetischer Strahlung erläutert werden.

---

S. Zloklikovits (✉)
GRg 3 Hagenmüllergasse, Wien, Österreich
E-Mail: sarah.zloklikovits@bildung.gv.at

© Der/die Autor(en), exklusiv lizenziert an Springer-Verlag GmbH, DE, ein Teil von Springer Nature 2025
L. Kasper, J. Winkelmann (Hrsg.), *Schwingungen und Wellen in Alltagskontexten*, https://doi.org/10.1007/978-3-662-70949-8_5

## 5.2 Theoretischer Hintergrund

An dieser Stelle soll ein kurzer Überblick über die relevanten Rahmentheorien des Forschungsprojekts gegeben werden. Die beiden größten Herausforderungen waren, dass es sich bei elektromagnetischer Strahlung um ein fachlich sehr anspruchsvolles Thema handelt, zu dem noch dazu relativ wenig didaktische Forschung existiert (siehe z. B. Plotz, 2017b). Diesen Herausforderungen wurde mit dem Einsatz zweier theoretischer Rahmenmodelle begegnet: dem Modell der didaktischen Rekonstruktion und dem Design-Based-Research-(DBR-)Ansatz.

Die Grundidee des Modells der didaktischen Rekonstruktion ist es, einen Themeninhalt so aufzubereiten, dass er von den Lernenden möglichst gut verstanden werden kann (Komorek, 2021). Während üblicherweise die tradierte Art und Weise, wie ein Thema in Lehrbüchern dargestellt wird, für den Physikunterricht übernommen und lediglich vereinfacht wird, zeichnet sich das Modell der didaktischen Rekonstruktion dadurch aus, dass sowohl die Auswahl der Inhalte als auch die Darstellung des Themenbereichs kritisch analysiert und anhand pädagogischer und didaktischer Perspektiven rekonstruiert wird (Kattmann et al., 1997).

Design-Based Research hat zum Ziel, didaktische Forschung zu generieren, die „im Klassenzimmer ankommt", also tatsächlich ihren Weg in die Unterrichtspraxis findet (Prediger et al., 2015; The Design-Based Research Collective, 2003). Dabei werden konkrete „Designs" (z. B. Unterrichtssequenzen) auf Basis bestehender Lehr-Lern-Theorien entwickelt, in mehreren Zyklen, in möglichst realitätsnahen Settings, implementiert und evaluiert. Die Erkenntnisse aus diesen Evaluationen sind dabei leitend für die Überarbeitung des Designs und tragen gleichzeitig zur Erweiterung des didaktischen Forschungsstands bei (ebd.).

Für die vorliegende Arbeit kam es zu einer Verknüpfung dieser beiden Rahmenmodelle: Das Unterrichtskonzept wurde auf Basis der bestehenden didaktischen Forschungsarbeiten entwickelt, wobei der Themeninhalt rekonstruiert wurde. Diese didaktische Strukturierung wurde in mehreren DBR-Zyklen erprobt und evaluiert.

Im Folgenden wird zunächst ein Überblick über die wichtigsten Vorarbeiten, auf denen aufgebaut wurde, gegeben. Anschließend werden die durchgeführten Studien skizziert.

## 5.3 Didaktischer Forschungsstand zu elektromagnetischer Strahlung

Zwei essenzielle Arbeiten der Physikdidaktik zu elektromagnetischer Strahlung, auf die im Forschungsprojekt aufgebaut bzw. die bis zu einem gewissen Grad auch fortgeführt wurden, stellen die Dissertationsprojekte von Neumann (2013) und Plotz (2017a) dar: Neumann untersuchte in ihrer Arbeit Lernendenvorstellungen von Strahlung und inkludierte dabei auch explizit elektromagnetische Strahlung. Aus ihren Arbeiten leitete sie Empfehlungen für einen Unterricht zu elektromagnetischer Strahlung ab. Plotz fokussierte in seiner Arbeit Lehr-Lern-Prozesse zu Strahlung des elektromagnetischen Spektrums. Im Zuge seines Forschungsprojekts wurden u. a. kurze Unterrichtseinheiten zu einzelnen Strahlungsarten für den Einsatz in der Sekundarstufe 1 entwickelt und beforscht (Plotz & Zloklikovits, 2019b).

Ein Teil des elektromagnetischen Spektrums ist didaktisch sehr gut erforscht: das (sichtbare) Licht, für das im Themenbereich der geometrischen Optik bereits Unterrichtskonzepte existieren, die didaktisch gut erforscht und deren Lernwirksamkeit empirisch abgesichert sind. Die wegweisendste Überlegung des hier präsentierten Forschungsprojekts war, dass didaktische Überlegungen, die sich für Licht bewährt haben, sich auch an den Rest des elektromagnetischen Spektrums adaptieren lassen müssten. Konkret wurde hier auf den Arbeiten von Haagen-Schützenhöfer (2016) aufgebaut, die wiederum bereits bestehende Forschungsarbeiten fortführte (siehe z. B. Wiesner et al., 1995). In diesen Ansätzen steht anstelle von Strahlengangkonstruktionen das Sender-Empfänger-Modell im Mittelpunkt, bei dem Lichtwege vom Sender zum Empfänger verfolgt werden, anhand derer Phänomene wie das Zustandekommen von Bildern und die Wahrnehmung von Farben erklärt werden.

Ein wesentliches Element für die Gestaltung von Lehr-Lern-Gelegenheiten ist die Kenntnis von den Vorstellungen, mit denen Schülerinnen und Schüler in den Unterricht kommen (siehe z. B. Duit & Treagust, 1998). An dieser Stelle seien einige relevante Befunde genannt: Der Begriff Strahlung wird stark mit Radioaktivität assoziiert (Neumann & Hopf, 2012). Licht wird von Lernenden oftmals nicht als Strahlung wahrgenommen (ebd.). Gleichzeitig wird UV-Strahlung von Schülerinnen und Schülern als intensives, blaues Licht beschrieben, während Infrarotstrahlung eine rote Farbe zugesprochen wird (Libarkin et al., 2011). Schülerinnen und Schüler tendieren des Weiteren dazu, zwischen künstlicher und natürlicher Strahlung zu unterscheiden, wobei natürliche Strahlung eher positiv konnotiert ist, wohingegen künstliche Strahlung als schlecht und schädlich wahrgenommen wird (Neumann & Hopf, 2012; Plotz, 2017b; Plotz & Hopf, 2016). Weitere bekannte Vorstellungen sind, dass elektrische Geräte schädliche Strahlung aussenden und dass die Strahlung eines Handys krebserregend ist (Neumann & Hopf, 2012).

## 5.4 Überblick der durchgeführten Studien

Die didaktische Rekonstruktion wurde zunächst mit einzelnen Schülerinnen und Schülern evaluiert. Dazu wurde auf die Methode der Akzeptanzbefragungen zurückgegriffen (Jung, 1992; Wiesner & Wodzinski, 1996). Dabei werden den Lernenden die zentralen Erklärungen eines Unterrichtskonzepts präsentiert. Die Lernenden sollen diese zunächst auf ihre Verständlichkeit bewerten, die Erklärung wiederholen und anschließend entsprechende Aufgaben lösen. Dabei kann untersucht werden, ob und welche Hemmnisse gegenüber dem Erklärungsangebot bestehen, ob die Schülerinnen und Schüler die Erklärungen plausibel empfinden und ob sie das Wissen auf neue Kontexte transferieren können – Kriterien, die als essenziell für den Erwerb neuen Wissens gelten (Posner et al., 1982; diSessa, 1993; Potvin, 2013). Es wurden vier Zyklen an Implementierung, Evaluierung und Überarbeitung mit insgesamt 37 Schülerinnen und Schülern der siebten bis neunten Schulstufe durchgeführt. Die Ergebnisse der Studien wurden in Arbeitsgruppen diskutiert, um gemeinsam die Ergebnisse zu interpretieren und Vorschläge für Überarbeitungsmaßnahmen zu entwickeln. Eine Darstellung der Ergebnisse aus diesen Studien finden sich in Zloklikovits und Hopf (2020, 2021a, 2021b).

Auf Basis des Leitfadens für diese Akzeptanzbefragungen wurde anschließend ein Unterrichtskonzept ausgearbeitet, das von vier Lehrpersonen in ihrem Unterricht eingesetzt wurde. Im Zuge einer Prä-Post-Studie wurden die Vorkenntnisse der Schülerinnen und Schüler sowie die Lernerfolge ermittelt (n = 151), wobei ein zusätzlicher Fokus der Testung auf der Untersuchung von Lernendenvorstellungen lag.

## 5.5 Das Unterrichtskonzept

Aufbauend auf den Empfehlungen von Plotz (2017b) konzentriert sich das Unterrichtskonzept auf folgende sechs Themenbereiche: Einführung des Begriffs der elektromagnetischen Strahlung, Ausbreitung von Strahlung, Wechselwirkung mit Materie, Einordnung im Spektrum, elektromagnetische Strahlung im Alltag und Wirkung auf den menschlichen Körper.

An dieser Stelle seien die wichtigsten Gestaltungselemente, die sich durch das gesamte Unterrichtskonzept ziehen, erläutert:

1. *Elektromagnetische Strahlung wird weder im Teilchen- noch im Wellenbild eingeführt.*
   Die grundlegende Frage, die es zu Beginn des Projekts zu klären galt, war, ob elektromagnetische Strahlung als Teilchen oder Wellen eingeführt werden soll. In der Literatur wird die Einführung eines Modells in der Sekundarstufe 1 und die Erweiterung des zweiten Modells in der Sekundarstufe 2 empfohlen, allerdings besteht hier kein Konsens, ob Strahlung zuerst im Teilchen- oder Wellenmodell eingeführt werden soll (National Science Digital Library, 2007; Plotz, 2017a; S. Neumann, persönliche Kommunikation, 24. November 2017). Gleichzeitig ist das Wellenmodell gar nicht und das Teilchenmodell nur für Materieteilchen im österreichischen Lehrplan verankert, das jeweilige Modell müsste also im Zuge des Unterrichts zu elektromagnetischer Strahlung neu eingeführt werden. Wirft man einen Blick in die bestehenden Unterrichtskonzeptionen zur Optik, fällt auf, dass diese für die Darstellung von Licht weder auf das Wellen- noch auf das Teilchenbild zurückgreifen. Licht wird als etwas präsentiert, das von Sendern ausgesendet wird, das reflektiert und absorbiert und von Empfängern wie Augen oder optischen Geräten zu Bildern zusammengesetzt werden kann. Es wurde entschieden, für den Anfangsunterricht zu elektromagnetischer Strahlung dem Vorbild des Optikunterrichts zu folgen und auf eine explizite Darstellung im Wellen- oder Teilchenbild zu verzichten.
2. *Erklärungen werden zunächst mit Licht demonstriert, anschließend mit Infrarot-, dann UV-Strahlung und schließlich anhand weiterer Strahlungsarten.*
   Jedes Unterthema wird zunächst am Beispiel Licht demonstriert. Dies hat mehrere Gründe: Zum einen ist Licht eine Strahlungsart, mit der Schülerinnen und Schüler gut vertraut sind. Des Weiteren soll so der Vorstellung, dass Licht etwas

anderes als Strahlung ist, entgegengewirkt werden. Außerdem können Phänomene mit Licht direkt mit den Augen wahrgenommen werden. Dies ermöglicht, das Lernen auf individuell wahrnehmbaren Phänomenen aufzubauen – eine didaktische Leitlinie, die sich für das Entwickeln von Unterrichtskonzepten bewährt hat (Haagen-Schützenhöfer & Hopf, 2020). Anschließend wird der Inhalt mit Infrarotstrahlung demonstriert – einer Strahlungsart, die wir zwar nicht mit den Augen sehen, aber aufgrund der wärmenden Wirkung auf unserer Haut wahrnehmen können. Anschließend wird mit UV-Strahlung gearbeitet – einer Strahlungsart, die weder sicht- noch spürbar ist, jedoch dank UV-Taschenlampen und -Perlen (Perlen, die sich bei Absorption von UV-Strahlung verfärben) auf einfache Art und Weise experimentell erzeugt und nachgewiesen werden kann. Im nächsten Schritt kann das Erklärungsangebot auf weitere Strahlungsarten wie Röntgenstrahlung oder Mikrowellen angewendet werden, mit denen nicht derart einfach im Unterricht hantiert werden kann.

3. *Jede Erklärung und jedes Experiment wird von einer Repräsentationsform begleitet, bei der die Strahlung vom Sender zum Empfänger verfolgt wird.*
Forschungsprojekte, in denen Themenbereiche in den letzten Jahren erfolgreich rekonstruiert wurden und deren Unterrichtskonzepte sich als sehr lernförderlich im Vergleich zu tradierten Unterrichtspraktiken erwiesen haben, führen oftmals eine Repräsentationsform ein, die für das Erklären grundlegender Phänomene hinzugezogen wird: In den Arbeiten zur Elektrizitätslehre ist dies beispielsweise das farbcodierte Einzeichnen von elektrischen Potenzialen, das es ermöglicht, Spannungen vorherzusagen (siehe z. B. Burde, 2018), in der Mechanik das Ermitteln von Geschwindigkeitsänderung durch die Konstruktion von Anfangs- und Zusatzgeschwindigkeit (siehe z. B. Spatz et al., 2019), in der Optik die Darstellung von Lichtbündeln durch trapezförmige Pfeile, anhand derer Lichtverläufe und Abbildungsprozesse von optischen Geräten auf einfache Art und Weise nachvollzogen werden können (Sender-Empfänger-Modell, siehe z. B. Haagen-Schützenhöfer, 2016). Für das hier vorgestellte Unterrichtskonzept zu elektromagnetischer Strahlung ist ebenfalls solch eine Repräsentationsform erarbeitet worden. Dazu wurde das Sender-Empfänger-Modell aus der Optik adaptiert: Für jede Erklärung, jedes Beispiel und jedes Experiment wird der „Strahlungsvorgang" gezeichnet (Abb. 5.1). Dabei wird der Sender, der Strahlung emittiert, und alle eingesetzten Empfänger abgebildet. Strahlung wird mithilfe von trapezförmigen Pfeilen dargestellt, um die Ausbreitung zu repräsentieren. Kommt es zur Wechselwirkung mit Materie, werden transmittierte, reflektierte und absorbierte Anteile dargestellt, wobei die Größe der Pfeile die Intensitäten widerspiegeln. Eine wesentliche Ergänzung zur bestehenden Repräsentationsform aus der Optik ist es, dass für die verschiedenen Empfänger markiert wird, ob diese Strahlung empfangen. Aus den durchgeführten Studien ging hervor, dass es für Schülerinnen und Schüler sehr schwierig ist, mit nicht sichtbaren Strahlungsarten zu arbeiten. Selbst wenn sie die Strahlung eines Senders eindeutig nicht mit den Augen sehen, versuchen sie oftmals, Versuchsausgänge anhand ihrer Augen zu beurteilen. Das Markieren, ob die einzelnen Empfänger Strahlung empfangen oder nicht, gibt den Schülerinnen und Schülern eine hilfreiche Systematik vor, um daran zu denken, den passenden Empfänger einzusetzen und die Beobachtungen anschließend richtig zu interpretieren.

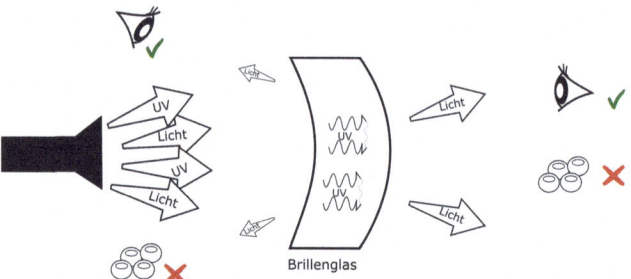

**Abb. 5.1** Darstellung eines Experiments in der Repräsentationsform. Der Sender sendet Licht und UV-Strahlung aus. Die Augen empfangen reflektiertes und transmittiertes Licht, während mit den UV-Perlen keine UV-Strahlung detektiert wird. Das Brillenglas absorbiert demnach die UV-Strahlung, während Licht größtenteils transmittiert und ein geringer Anteil reflektiert wird

Damit Lehrpersonen das Unterrichtskonzept möglichst einfach in ihren Unterricht implementieren können, wurde darauf geachtet, Experimente auszuwählen, deren Materialien einfach und kostengünstig zu erwerben sind. Benötigte Materialien sind Taschenlampen, wobei die Handytaschenlampen der Lernenden verwendet werden können, UV-Taschenlampen und UV-Perlen, die sich bei Absorption von UV-Strahlung verfärben. Als Sender für Infrarotstrahlung werden sogenannte Keramikstrahler eingesetzt. Diese Wärmelampen kommen in Terrarien zum Einsatz und emittieren kein sichtbares, rotes Licht. Dadurch soll die Lernendenvorstellung, Infrarotstrahlung sei rotes Licht, vermieden werden.

Im Folgenden werden die einzelnen Themenbereiche kurz dargestellt und die Designentscheidungen sowie die relevantesten Forschungserkenntnisse erörtert. Eine Darstellung des Unterrichtskonzepts im Detail findet sich in der zum Konzept zugehörigen Handreichung für Lehrpersonen, die frei zum Download zur Verfügung steht (Zloklikovits, 2022).

### 5.5.1 Einführung des Strahlungsbegriffs

Es erschien sinnvoll, den Lernenden eine passende Erklärung für den Begriff der elektromagnetischen Strahlung anzubieten. Wie bereits erläutert, soll dies nicht im Wellen- oder Teilchenmodell geschehen, sondern an die Darstellung von Licht im Anfangsunterricht zur Optik angelehnt werden. Im Zuge der Forschungsarbeiten zur Optik kristallisierten sich zwei wichtige Eigenschaften von Licht heraus, die den Schülerinnen und Schülern vermittelt werden müssen: Licht als eine Größe, die sich bewegt bzw. sich ausbreitet, und die explizite Abgrenzung von Licht zu Materie (Haagen-Schützenhöfer, 2016). Aufbauend darauf wird so der Begriff der elektromagnetischen Strahlung präsentiert: Elektromagnetische Strahlung ist etwas, das sich sehr schnell (mit Lichtgeschwindigkeit) bewegt und das keine Materie ist. Diese Erklärung des Strahlungsbegriffs wurde von den Schülerinnen und Schülern gut akzeptiert. Es stellte sich als entscheidend heraus, die Schülerinnen und Schüler selbstständig ausprobieren zu lassen, dass Licht nicht angefasst werden kann – dies scheint zunächst trivial, ein Versäumnis kann aber zu einem schlechteren Verständnis des Strahlungsbegriffs führen. Die Bezeichnung „elektromagnetisch" wird von den Schülerinnen und Schülern meist nicht hinterfragt. In jenen Fällen, in denen sich Lernende nach der Bedeutung erkundigten, wurde erklärt, dass man mit dieser Bezeichnung von Strahlung, die aus Materie besteht (Alpha- und Betastrahlung), unterscheidet. Diese Antwort stellte die Schülerinnen und Schüler zufrieden.

### 5.5.2 Ausbreitung von Strahlung

In diesem Themenblock wird die bereits erläuterte Repräsentationsform eingeführt. Anschließend werden Infrarotstrahlung und danach UV-Strahlung eingeführt. Hierzu wird erarbeitet, dass diese Strahlungsarten nicht mit den Augen wahrgenommen werden können, und damit die Notwendigkeit der Auswahl passender Empfänger motiviert. Für UV-Strahlung werden hierzu UV-Perlen verwendet, für den Nachweis von Infrarotstrahlung die wärmende Wirkung auf die Haut. Zwar kann so nicht jede Wellenlänge bzw. jede Intensität von Infrarotstrahlung nachgewiesen werden, allerdings bietet dies den Vorteil der direkten Wahrnehmbarkeit der Strahlung. Im Konzept wird der Einsatz einer Wärmebildkamera nicht forciert, da nicht davon auszugehen ist, dass jede Physiksammlung über solch ein Gerät verfügt. Hinweise, wie ergänzend eine Wärmebildkamera hinzugezogen werden kann, finden sich in Zloklikovits (2022).

Die Begriffe „Sender" und „Empfänger" haben sich als Begriffe bewährt – sie werden von den Schülerinnen und Schülern besser angenommen als die zunächst eingesetzten Begriffe „Quelle" und „Detektor". Wie bereits erwähnt, hat sich herausgestellt, dass es selbst sehr guten und interessierten Schülerinnen und Schülern schwer fällt, sich für die Beobachtung eines Experiments nicht auf ihre Augen zu verlassen. Wenn sie feststellen, dass sie nichts erkennen können, führt dies oft zur Irritation und Hilflosigkeit. Die Repräsentationsform des Strahlungsvorgangs hat sich hier als essenzielle Stütze herausgestellt: Treten Schwierigkeiten auf, werden die Schülerinnen und Schüler gebeten, das Experiment in der Repräsentationsform darzustellen. Diese können Schülerinnen und Schüler meist problemlos anfertigen und so erkennen, welche Empfänger sie einsetzen und wo diese platziert werden müssen.

Während für Infrarotstrahlung Keramikstrahler als Sender, die kein rotes, sichtbares Licht emittieren, leicht erhältlich sind, gestaltet sich dies für UV-Lampen schwieriger. So gibt es zwar Filter, die sichtbares, blaues Licht blockieren, allerdings sind diese nur schwer erhältlich. Eine einfache Lösung ist, hier zunächst die Sonne als Sender für Licht, Infrarot und UV auszuweisen, da das Sonnenlicht, im Gegensatz zum Licht herkömmlicher UV-Lampen, nicht bläulich erscheint. An diesem Beispiel wird die Idee etabliert, dass Sender oftmals mehrere Strahlungsarten gleichzeitig aussenden. Anschließend werden handelsübliche UV-Lampen eingesetzt und den Schülerinnen und Schülern wird die Aufgabe gestellt, experimentell festzustellen, welche Strahlungsarten vom Sender ausgesendet werden (Licht und UV-Strahlung). Anschließend kann mit diesen als Sender für UV-Strahlung weitergearbeitet werden.

### 5.5.3 Interaktion mit Materie

Die Interaktion von Strahlung mit Materie wird anhand des sogenannten TAR-Prinzips (Transmission, Absorption und Reflexion) konzeptualisiert (Plotz & Zloklikovits, 2019a): Trifft elektromagnetische Strahlung auf Materie, so können Anteile reflektiert, absorbiert und transmittiert werden (Abb. 5.1). In den Studien zeigte sich, dass den Schülerinnen und Schülern die Konzepte der Reflexion und Transmission sehr schnell verständlich sind, während Absorption oftmals schwerer für sie zu fassen ist. Die Vorstellung, dass die Strahlung „in der Materie drinnen" bleibt, erscheint manchen Schülerinnen und Schülern unverständlich. Hier muss im Unterricht entsprechend Zeit eingeplant werden.

An dieser Stelle führen die Lernenden Experimente mit UV- und Infrarotstrahlung durch, bei denen sie feststellen, dass das Wechselwirkungsverhalten von Strahlung mit Materie sowohl von der Strahlungsart als auch von der Materie abhängt. Oftmals treten hier die bereits erwähnten Schwierigkeiten beim Umgang mit nicht sichtbaren Strahlungsarten auf, der Einsatz der Repräsentationsform hat sich auch an dieser Stelle als gutes Hilfsmittel erwiesen. Die Implementierung im Schulunterricht zeigte, dass es notwendig ist, dass die Schülerinnen und Schüler im Vorfeld den Strahlungsvorgang öfter selbstständig gezeichnet haben, um das Potenzial der Repräsentationsform ausschöpfen zu können.

Anschließend werden die gewonnenen Erkenntnisse angewendet, um das Zustandekommen von Röntgenbildern zu erklären: Knochen absorbieren Röntgenstrahlung zu großen Teilen, weshalb an diesen Stellen keine Strahlung auf den Empfänger trifft, weshalb diese Stellen weiß bleiben. Menschliches Gewebe transmittiert die Strahlung größtenteils, sodass die Strahlung auf den Empfänger trifft und dort zur bekannten Schwärzung führt.

### 5.5.4 Das elektromagnetische Spektrum

Anhand der verschiedenen Strahlungsarten, welche die Schülerinnen und Schüler im Zuge des Unterrichts nun bereits kennengelernt haben, wird erarbeitet, dass es verschiedene Arten elektromagnetischer Strahlung gibt, die unterschiedlich mit Materie wechselwirken. So wird motiviert, dass es eine Größe gibt, die Wellenlänge genannt wird, anhand derer sich Strahlungsarten unterscheiden. Strahlungsarten werden im sogenannten Spektrum sortiert – jene mit ähnlichen Eigenschaften werden zu Bereichen zusammengefasst. Dabei wird konsistent das Wort „Strahlung" für jede Art elektromagnetischer Strahlung verwendet: Oftmals wird für Strahlungsarten mit großer Energie bzw. kleiner Wellenlänge das Wort „Strahlung", für jene mit kleiner Energie bzw. großer Wellenlänge das Wort „Wellen" verwendet (Röntgen- und Gammastrahlung, Mikro- und Radiowellen), allerdings sprechen wir im Alltag von „Handystrahlung", obwohl es sich um Mikrowellen handelt. Dies merkte bereits Neumann (2013) an und empfahl daher eine einheitliche Bezeichnung. Aus den Mikrowellen wird daher die Mikrostrahlung, der Bereich der Radiowellen bzw. Radiostrahlung wurde in „Rundfunkbereich" umbenannt, da Schülerinnen und Schüler mit dem Präfix „Radio" Radioaktivität assoziierten. „Licht" wird nur für die Bezeichnung des sichtbaren Bereichs des Spektrums verwendet; Bezeichnungen wie „UV-Licht" oder „Infrarotlicht" werden vermieden, um eine Abtrennung zum Spektralbereich des Lichts zu fokussieren, nachdem Schülerinnen und Schüler UV- und Infrarotstrahlung oftmals als intensives, farbiges Licht wahrnehmen.

Als ordnende Größe wurde in den ersten Iterationen des Forschungsprojekts die Größe der Energie verwendet. Es wurde davon ausgegangen, dass man im Konzept auf typische Vorstellungen zur Energie, z. B. dass Energie benötigt wird, um etwas zu bewirken (Schecker & Duit, 2018), gut aufbauen könnte, und es beispielsweise für Schülerinnen und Schüler dadurch sehr einsichtig sein müsste, dass nur Strahlung mit genügend Energie schädliche Wirkungen wie die Veränderung der DNA auslösen kann. Dies hat sich in den Forschungszyklen bestätigt, allerdings zeigte sich, dass Schülerinnen und Schüler teilweise große Hemmnisse haben, das Wort „Energie" selbst zu verwenden, und stattdessen auf Begriffe wie „Stärke" ausweichen. Dies deutet darauf hin, dass dieses Erklärungsangebot nicht vollständig von den Lernenden akzeptiert wird. Als Maßnahme wurde überlegt, vom Energiebegriff abzusehen und stattdessen eine abstrakte Größe einzuführen, die den Strahlungsarten zugeordnet werden kann und anhand derer sie geordnet werden. Da Schülerinnen und Schüler den Begriff der Wellenlänge oftmals von sich erwähnten, wurde entschieden, auf diesen zurückzugreifen, ohne dabei näher auf den Begriff oder auf den Wellencharakter einzugehen. Die Erfahrungen in den anschließenden Forschungszyklen zeigten, dass Schülerinnen und Schüler den Begriff der Wellenlänge gut akzeptierten und diesen in ihren Formulierungen verwendeten. Allerdings zeigte sich, dass die Einschätzung des Gefährlichkeitspotenzials mit Energie als ordnender Größe verständlicher war. In einer Schulklasse verlangten die Schülerinnen und Schüler außerdem nach einer Erklärung des Worts „Wellenlänge". An dieser Stelle kann daher noch keine endgültige Empfehlung abgegeben werden, welche Größe besser für den Unterricht in der Sekundarstufe 1 geeignet ist.

### 5.5.5 Omnipräsenz elektromagnetischer Strahlung

Zu diesem Themenbereich wird erarbeitet, wo wir im Alltag Sendern elektromagnetischer Strahlung begegnen. Es wird darauf geachtet, sowohl natürliche als auch künstliche Quellen sowie organisches wie nichtorganisches Material als Sender zu inkludieren. Es zeigt sich, dass Lernende teilweise Schwierigkeiten haben zu akzeptieren, dass auch unbelebte Objekte wie Steine Strahlung emittieren. Dieser Konflikt wird von Schülerinnen und Schülern teilweise so aufgelöst, dass ein Stein durch die Strahlung der Sonne erwärmt wird und deshalb Strahlung aussendet. Sollte aus dem vorangegangenen Unterricht das Teilchenmodell und die Tatsache, dass Teilchen bei einer Temperatur von > 0 K immer in ungerichteter Bewegung sind, zur Verfügung stehen, so könnte die Information ergänzt werden, dass bei der Bewegung von Teilchen auch immer Strahlung entsteht. Aus der Unterrichtspraxis gibt es erste Hinweise, dass diese Begründung von den Schülerinnen und Schülern als plausibel empfunden wird, eine empirische Untersuchung steht allerdings noch aus.

### 5.5.6 Wirkung auf den menschlichen Körper

Ein naturwissenschaftlicher Unterricht zu elektromagnetischer Strahlung, der nicht auch der Frage nachgeht, wie elektromagnetische Strahlung auf den menschlichen Körper wirkt und ob und in welchen Situationen Strahlung gefährlich ist, würde den Interessen der Schülerinnen und Schüler nicht gerecht werden. Daher wird diesem Punkt ein eigener Themenbereich gewidmet. Hier wird zunächst erarbeitet, dass Strahlung ab dem oberen UV-Bereich, also Strahlung mit hoher Energie bzw. kleiner Wellenlänge, zu Schäden in menschlichen Zellen führen kann. Die UV-Strahlung mit ihrer hautschädigenden Wirkung wird eigenständig thematisiert. Anschließend wird geklärt, dass alle Strahlungsarten bei Absorption genügend hoher Intensitäten zur Erwärmung des Gewebes führen, wobei diese dann gefährlich wird, wenn dadurch die Temperatur im Körper über 42 °C steigt – dies ist bei alltagsüblichen Mengen allerdings nicht zu erwarten. Es zeigt sich, dass es für Schülerinnen und Schüler sehr plausibel ist, dass Strahlung im oberen Bereich des Spektrums gefährlich ist. Teilweise stößt es auf Irritation, dass Röntgenstrahlung, die ja in der Medizin eingesetzt wird, auch eine schädigende Wirkung haben kann. Hier wird betont, dass Risiko und Nutzen abgewogen werden müssen. Plausibel wird das Gefährlichkeitspotenzial von Röntgenstrahlung für Schülerinnen und Schüler oftmals dann, wenn sie sich daran erinnern, dass Patientinnen und Patienten bei einer Röntgenuntersuchung durch eine Bleischürze geschützt werden und medizinisches Personal während der Untersuchung den Raum verlässt.

Ein weiteres Thema, über das im Unterricht zu elektromagnetischer Strahlung unweigerlich gesprochen werden muss, ist die vermeintlich schädliche Wirkung der Handystrahlung. Die durchgeführten Studien bestätigen, dass Schülerinnen und Schüler den Begriff der Strahlung oftmals mit Handystrahlung verknüpfen und diese überwiegend als gefährlich einstufen. Schülerinnen und Schüler berichten oft davon, dass sie dies von verschiedenen Seiten „gehört" hätten. Laut aktuellem Wissensstand zum Effekt von Handystrahlung auf den menschlichen Körper ist nur die thermische Wirkung auf menschliches Gewebe gesundheitlich relevant. Hierzu ist allerdings eine Exposition nötig, welche die geltenden Grenzwerte um ein Vielfaches überschreitet. Zwar kann die Strahlung auch die Durchlässigkeit von Membranen beeinflussen, dazu wären allerdings noch höhere Dosen als für das Auftreten thermischer Effekte notwendig. Für eine Zusammenfassung des aktuellen Forschungsstands zur Wirkung von Handystrahlung sei auf den Bericht der ICNIRP verwiesen (International Commission on Non-Ionizing Radiation Protection [ICNIRP], 2020).

Im Zuge der Forschungsarbeiten stellte sich heraus, dass Schülerinnen und Schüler oftmals unter dem Begriff „Handystrahlung" alle vom Handy emittierten Strahlungsarten sowie die verschiedenen Wirkungen zusammenfassen: So vermuten sie, dass Handystrahlung das vom Bildschirm emittierte Licht ist und dass durch die Verwendung des Nachtmodus oder das Verringern der Bildschirmhelligkeit die Strahlungsbelastung verkleinert wird. Schülerinnen und Schüler glauben dabei oftmals, dass die Strahlung des Handys schädlich für die Augen ist. Es hat sich daher als notwendig erwiesen zunächst zu klären, welche Strahlungsarten ein Handy aussendet und dass mit dem Begriff „Handystrahlung" die zur Informationsübermittlung emittierte und empfangene Strahlung aus dem Mikrobereich gemeint ist. Ein Blick in das Spektrum zeigt, dass diese Art der Strahlung im Bereich der niedrigen Energien bzw. im Bereich der großen Wellenlängen verortet ist. Insbesondere wenn Energie als Größe im Spektrum verwendet wird, reicht oftmals schon die Einordnung der Handystrahlung im Mikrobereich aus, damit Schülerinnen und Schüler selbst zur Erkenntnis kommen, dass diese gar nicht so gefährlich sein kann, wie oftmals vermittelt wird. Im Klassensetting zeigte sich, dass Schülerinnen und Schüler oftmals sehr emotional reagieren, wenn die Warnungen der Eltern bezüglich Handynutzung diskreditiert werden. Hier hat sich folgende Umdeutungsstrategie bewährt: Beim Lernen oder Schlafen das Handy wegzulegen, sei natürlich sinnvoll – aber nicht wegen der Strahlung, sondern weil das Handy als Gerät eine ablenkende Wirkung hat.

## 5.6 Ausgewählte Erkenntnisse aus den Forschungsarbeiten

An dieser Stelle sollen einige ausgewählte Erkenntnisse zu Lehr-Lern-Prozessen zu elektromagnetischer Strahlung, die im Zuge des Forschungsprojekts gewonnen wurden, erwähnt werden. Ein Großteil der Schülerinnen und Schüler stellt sich unter Strahlung gerade Linien vor, die sich von einem Punkt ausgehend ausbreiten. Nachdem es sich bei Sendern und Ausbreitung um zwei Kernelemente des Unterrichtskonzepts handelt, sollte sich auf diese Vorstellungen gut aufbauen lassen. Weiterhin zeigte sich, dass Schülerinnen und Schüler sich sehr dominant hell leuchtende, warme Objekte als Sender von Strahlung vorstellen. Dies ist vermutlich auch der Grund, warum Schülerinnen und Schüler, selbst wenn sie wissen, dass es sich bei Handystrahlung um jene Strahlung handelt, mit der Informationen versendet werden, das Bildschirmlicht als Strahlungsquelle identifizieren. Wenn Schülerinnen und Schüler mit Sendern konfrontiert werden, die nicht hell leuchten, ist dies für sie meist irritierend. Diese Vorstellung könnte auch mit der Schwierigkeit der Schülerinnen und Schüler, mit nicht sichtbaren Strahlungsarten zu arbeiten, verknüpft sein. Wie bereits erwähnt, hat sich durch das gesamte Unterrichtskonzept hinweg gezeigt, dass die Darstellung von Strahlung in der eingeführten Repräsentationsform eine große Stütze für die Schülerinnen und Schüler ist. Betrachtet man den erfolgreichen Einsatz solcher Repräsentationsformen in diversen Unterrichtskonzeptionen, so kann an dieser Stelle empfohlen werden, bei der Entwicklung von Unterrichtskonzepten generell den Einsatz einer geeigneten Repräsentationsform, die konsequent im gesamten Konzept eingesetzt wird und mithilfe derer Vorgänge beschrieben und vorausgesagt werden können, in Erwägung zu ziehen.

## 5.7 Fazit

Im vorliegenden Beitrag wurde ein Unterrichtskonzept vorgestellt, mit dem das Thema „elektromagnetische Strahlung" bereits in der Sekundarstufe 1 erfolgreich implementiert werden kann. So können alltagsrelevante Themen wie Röntgenuntersuchungen oder Handystrahlung bereits im Zuge des Pflichtschulbereichs im Physikunterricht thematisiert werden. Eine detaillierte Anleitung für den Unterricht inklusive Arbeitsblättern steht frei zur Verfügung (Zloklikovits, 2022). Die im Zuge des Projekts gewonnenen Erkenntnisse zum Lehren und Lernen über elektromagnetische Strahlung liefern dabei wichtige Beiträge für zukünftige Entwicklungsprojekte zum Themenbereich Strahlung.

## Literatur

Burde, J.-P. (2018). *Konzeption und Evaluation eines Unterrichtskonzepts zu einfachen Stromkreisen auf Basis des Elektronengasmodells*. Logos.

diSessa, A. A. (1993). Towards an epistemology of physics. *Cognition and Instruction, 10*(2–3), 105–255.

Duit, R., & Treagust, D. F. (1998). Learning in science – From behaviourism towards social constructivism and beyond. In B. J. Fraser & K. G. Tobin (Hrsg.), *International handbook of science education* (S. 3–25). Springer.

Haagen-Schützenhöfer, C. (2016). *Lehr- und Lernprozesse im Anfangsoptikunterricht der Sekundarstufe I Habilitationsschrift*. Universität Wien.

Haagen-Schützenhöfer, C., & Hopf, M. (2020). Design-based research as a model for systematic curriculum development: The example of a curriculum for introductory optics. *Physical Review Physics Education Research, 16*(2). https://doi.org/10.1103/physrevphyseducres.16.020152

International Commission on Non-Ionizing Radiation Protection (ICNIRP). (2020). Guidelines for limiting exposure to electromagnetic fields (100 kHz to 300 GHz). *Health physics, 118*(5), 483–524. https://doi.org/10.1097/HP.0000000000001210

Jung, W. (1992). Probing acceptance, a technique for investigating learning difficulties. In *Research in physics learning: Theoretical issues and empirical studies. Proceedings of an International Workshop at the University of Bremen* (S. 278–295). IPN.

Kattmann, U., Duit, R., Gropengießer, H., & Komorek, M. (1997). Das Modell der Didaktischen Rekonstruktion. Ein Rahmen für naturwissenschaftsdidaktische Forschung und Entwicklung. *Zeitschrift für Didaktik der Naturwissenschaften, 3*(3), 3–18.

Komorek, M. (2021). Didaktische Rekonstruktion. In D. Woitkowski & C. Vogelsang (Hrsg.), *Zentrale Themen der Ideengeschichte physikdidaktischer Forschung in Deutschland anhand ausgewählter Originalquellen* (S. 47–50). Logos.

Libarkin, J. C., Asghar, A., Crockett, C., & Sadler, P. (2011). Invisible misconceptions. Student understanding of ultraviolet and infrared radiation. *Astronomy Education Review, 10*(1), 010105-1–010105-12.

National Science Digital Library (Hrsg.). (2007). NSDL Science Literacy Maps. *Waves*. Online verfügbar unter http://strandmaps.dls.ucar.edu/?id=SMS-MAP-1364. Zugegriffen am 23.11.2017.

Neumann, S. (2013). *Schülervorstellungen zum Thema „Strahlung". Ergebnisse empirischer Forschung und Konsequenzen für den naturwissenschaftlichen Unterricht*. Dissertation, Universität Wien, Wien.

Neumann, S., & Hopf, M. (2012). Students' conceptions about 'radiation'. Results from an explorative interview study of 9th grade students. *J Sci Educ Technol, 21*(6), 826–834.

Plotz, T. (2017a). *Lernprozesse zu nicht-sichtbarer Strahlung. Empirische Untersuchungen in der Sekundarstufe 2*. Logos. (Studien zum Physik- und Chemielernen, 240).

Plotz, T. (2017b). Students' conceptions of radiation and what to do about them. *Physics Education, 52*(1), 14004.

Plotz, T., & Hopf, M. (2016). Students misconceptions about invisible radiation. In *Electronic Proceedings of the ESERA 2015 Conference, Science Education Research: Engaging learners for a sustainable future* (S. 95–100).

Plotz, T., & Zloklikovits, S. (2019a). Elektromagnetische Strahlung unterrichten. *Plus Lucis, 2*, 4–9.

Plotz, T., & Zloklikovits, S. (2019b). Strahlung konkret. *Plus Lucis*, (2), 34–42. https://www.pluslucis.org/ZeitschriftenArchiv/2019-2_PL.pdf. Zugegriffen am 04.04.2023.

Posner, G. J., Strike, K. A., Hewson, P. W., & Gertzog, W. A. (1982). Accommodation of a scientific conception: Toward a theory of conceptual change. *Science Education, 66*(2), 211–227. https://doi.org/10.1002/sce.3730660207

Potvin, P. (2013). Proposition for improving the classical models of conceptual change based on neuroeducational evidence. Conceptual prevalence. *Neuroeducation, 1*(2), 16–43.

Prediger, S., Gravemeijer, K., & Confrey, J. (2015). Design research with a focus on learning processes: an overview on achievements and challenges. *ZDM Mathematics Education, 47*(6), 877–891. https://doi.org/10.1007/s11858-015-0722-3

Schecker, H., & Duit, R. (2018). Schülervorstellungen zu Energie und Wärmekraftmaschinen. In H. Schecker, T. Wilhelm, M. Hopf, & R. Duit (Hrsg.), *Schülervorstellungen und Physikunterricht. Ein Lehrbuch für Studium, Referendariat und Unterrichtspraxis* (S. 163–183). Springer.

Spatz, V., Wilhelm, T., Hopf, M., Waltner, C., & Wiesner, H. (2019). Teachers using a novel curriculum on an introduction to Newtonian mechanics: The effects of a short-term professional development program. *Journal of Science Teacher Education, 30*(2), 159–178. https://doi.org/10.1080/1046560X.2018.1542232

The Design-Based Research Collective. (2003). Design-based research: An emerging paradigm for educational inquiry. *Educational Researcher, 32*(1), 5–8. https://doi.org/10.3102/0013189X032001005

Wiesner, H. Engelhardt, P., Herdt, D. (1995). *Unterricht Physik, Optik I. Lichtquellen, Reflexion* (2., verbes. Aufl.). Aulis. Deubner (Unterricht Physik, 1).

Wiesner, H., & Wodzinski, R. (1996). Akzeptanzbefragungen als Methode zur Untersuchung von Lernschwierigkeiten und Lernverläufen. In *Lernen in den Naturwissenschaften* (S. 250–274). IPN.

Zloklikovits, S. (2022). *Elektromagnetische Strahlung in der Sekundarstufe I unterrichten. Handreichung für Lehrpersonen*. Universität Wien, Wien. https://phaidra.univie.ac.at/o:1610755. Zugegriffen am 04.04.2023.

Zloklikovits, S., & Hopf, M. (2020). Designing a teaching-learning sequence about electromagnetic radiation for grade eight. In *Electronic Proceedings of the ESERA 2019 Conference. The beauty and pleasure of understanding: engaging with contemporary challenges through science education, Part 3* (S. 381–390). Alma Mater Studiorum.

Zloklikovits, S., & Hopf, M. (2021a). Didaktische Rekonstruktion EM-Strahlung. In S. Habig (Hrsg.), *Naturwissenschaftlicher Unterricht und Lehrerbildung im Umbruch? Gesellschaft für Didaktik der Chemie und Physik online Jahrestagung 2020*. Gesellschaft für Didaktik der Chemie und Physik (41).

Zloklikovits, S., & Hopf, M. (2021b). Evaluating key ideas for teaching electromagnetic radiation. *Journal of Physics: Conference Series, 1929*(1), 12063. https://doi.org/10.1088/1742-6596/1929/1/012063

# Kontextorientierter Physikunterricht im Themengebiet der Akustik

6

Michael Ganz, Michael Hirth, Andreas Müller und Bianca Watzka

## 6.1 Merkmale kontextorientierten Unterrichts

Der Begriff „Kontext" hat seinen Ursprung im Modell des situierten Lernens und steht für den Rahmen, in dem das Lernen stattfindet. Mit der Kontextualisierung verbunden ist oftmals die Umsetzung authentischer Lernumgebungen (Kuhn et al., 2010; Watzka, 2021).

### 6.1.1 Authentizität

Authentizität meint vereinfacht gesagt Realitätsnähe und gilt als entscheidender Faktor, um Interessen der Lernenden für die Naturwissenschaften zu wecken und ihnen zu helfen, eine positivere Einstellung gegenüber den Naturwissenschaften zu entwickeln (Müller, 2006; Schriebl et al., 2023). Dabei werden den Lernenden die Relevanz und Funktionalität des Lerninhalts in der realen Welt demonstriert und ihnen Erfahrungen vermittelt, wie dieses Wissen in der realen Welt außerhalb der Schule angewendet werden kann (Herrington & Oliver, 2000; Watzka & Girwidz,

---

M. Ganz (✉) · M. Hirth
Otto-von-Guericke-Universität Magdeburg, Fakultät für Naturwissenschaften, Institut für Physik – Didaktik der Physik, Magdeburg, Deutschland
E-Mail: Michael.Ganz@ovgu.de; hirth@gym-hermann.bildung-lsa.de

A. Müller
Faculty of Sciences, Department of Physics, and Institute of Teacher Education, University of Geneva, Genf, Schweiz
E-Mail: Andreas.Mueller@unige.ch

B. Watzka
RWTH Aachen University, I. Physikalisches Institut (IA), Didaktik der Physik und Technik, Aachen, Deutschland
E-Mail: watzka@physik.rwth-aachen.de

© Der/die Autor(en), exklusiv lizenziert an Springer-Verlag GmbH, DE, ein Teil von Springer Nature 2025
L. Kasper, J. Winkelmann (Hrsg.), *Schwingungen und Wellen in Alltagskontexten*, https://doi.org/10.1007/978-3-662-70949-8_6

2015). Die Authentizität kann auf verschiedenen Ebenen wirksam werden (Betz, 2018; Watzka, 2021; Nachtigall et al., 2022; Schriebl et al., 2023). Besonders hervorzuheben ist in diesem Zusammenhang die Bedeutung der Ebenen von authentischen Inhalten (z. B. Alltagssituationen), Materialien (z. B. Hörproben singender Straßen) und Methoden (z. B. Fourieranalyse), die eine zentrale Rolle in der Gestaltung authentischer Lernumgebungen spielen. Dabei fokussieren wir uns darauf, wie durch die sorgfältige Auswahl und den Einsatz authentischer Inhalte und Materialien sowie durch die Anwendung praxisnaher Methoden die Realitätsnähe des Unterrichts gesteigert wird, um so eine tiefere Verbindung zwischen dem Lerninhalt und den lebensweltnahen Anwendungen herzustellen.

### 6.1.2 Interdisziplinarität

Interdisziplinarität bezeichnet allgemein den Ansatz, Fragestellungen, Probleme oder Themenbereiche unter Einbeziehung von Konzepten, Methoden und Erkenntnissen aus mehreren wissenschaftlichen Disziplinen zu bearbeiten und zu verstehen. Interdisziplinarität zielt darauf ab, Lernende dazu zu befähigen, Wissen und Fähigkeiten aus verschiedenen Fachgebieten zu integrieren, um komplexe Phänomene der realen Welt zu verstehen und Lösungen für interdisziplinäre Probleme zu entwickeln (Moegling, 1998; Reinhold & Bünder, 2001; Labudde, 2003), und Lernende zu motivieren (z. B. Wiesner & Colicchia, 2002). Nach Labudde (2003) könnte dieses Merkmal auch als „fachüberschreitender Unterricht" beschrieben werden, bei dem zwar das Einzelfach als Ausgangsbasis dient, jedoch die Fachgrenzen überschritten werden. Aus der Perspektive des Einzelfachs wird dabei ein Blick auf andere Fächer geworfen, was eine wechselseitige Durchdringung und Vernetzung der Fachdisziplinen ermöglicht und eine ganzheitliche Auseinandersetzung mit dem Lerngegenstand fördert.

### 6.1.3 Komplexität

Komplexität ist nach Kauertz und Fischer (2006) durch die Anzahl und die Wechselbeziehung der kognitiv zu verarbeitenden Wissenselemente definiert. Sie beschreiben die folgenden sechs Komplexitätsstufen: 1) ein einzelner Fakt, 2) mehrere einzelne (nicht verbundene) Fakten, 3) ein Zusammenhang, 4) mehrere (nicht verbundene) Zusammenhänge, 5) mehrere verbundene Zusammenhänge und 6) Konzepte, Theorien, Modelle. Diese Definition ist inhaltsunabhängig objektiv bewertbar und kann auch innerhalb kontextorientierter Lernumgebungen angewendet werden, was weiterführende Arbeiten von Pozas et al. (2020) zeigen. Ihre Ergebnisse zeigen, dass sich eine hohe Kontextualisierung nur bei niedrigen Komplexitätsstufen positiv auf den Lernerfolg auswirkt.

Nachfolgend werden konkrete Beispiele für Kontexte präsentiert, die zeigen, wie die Merkmale Authentizität, Komplexität und Interdisziplinarität von kontextorientiertem Unterricht umgesetzt bzw. behandelt werden.

## 6.2 Japans singende Straßen

In Japan gibt es eine Reihe sogenannter *melody roads* (japanisch メロディーロード), die sich im ganzen Land verteilen, von dem nördlich gelegenen Hokkaido bis zum südlichen Okinawa.[1] *Melody roads* sind Straßenabschnitte, die durch ihre Oberflächenbeschaffenheit Fahrzeuge bzw. Gefährte (z. B. Bürostuhl mit Rollen) beim Überfahren mit passender Geschwindigkeit so in Schwingungen versetzen, dass als Höreindruck ein Lied bzw. eine Melodie erzeugt wird (Tucker & Perkins, 2020; Hirth, 2019).

*Melody roads* kommen in der Realität vor und stehen hier exemplarisch für einen authentischen Inhalt. Die Hörbeispiele und Fotografien[2] der Rillenabstände können als authentische Materialien im Unterricht eingesetzt werden.

### 6.2.1 Physikalischer Hintergrund

Um ein Fahrzeug beim Befahren der Straße in Schwingungen zu versetzen, sind verschiedene Methoden anwendbar, die auf der Erzeugung einer Oberflächenstruktur der Straße mit zwei unterschiedlichen Höhenniveaus basieren. Diese können entweder durch das Fräsen von Rillen (vergleichbar mit dem Prinzip von Schallplatten) oder durch das Aufbringen von Erhebungen (ähnlich dem Mechanismus von Spieluhren mit Handkurbel) realisiert werden (Zhou et al., 2018). Beim Fräsen, der verbreitetsten Methode, werden Rillen mit gleichmäßiger Breite in festgelegten Abständen in den Straßenbelag geschnitten. Beim Aufbringen hingegen werden Fahrbahnmarkierungen angebracht, die in ihrer einfachsten Ausführung identische Formen und Höhen aufweisen und in regelmäßigen Abständen platziert sind (Zhou et al., 2018, Tucker & Perkins, 2020).

Um eine spezifische Grundfrequenz $f_1$ beim Überfahren der Rillen zu erzeugen, muss folgende Beziehung erfüllt sein:

$$f_1 = \frac{1}{T}. \tag{6.1}$$

Dabei stellt $T$ die Periodendauer der Schwingung dar. Diese entspricht dem Zeitintervall zwischen zwei aufeinanderfolgenden Stößen, die durch das Überfahren benachbarter Rillen auf das Fahrzeug übertragen werden. Unter der Voraussetzung einer konstanten Fahrzeuggeschwindigkeit ergibt sich die Zeit, die benötigt wird, um eine einzelne Rillenstruktur zu überqueren, als

$$T = \frac{d}{v}. \tag{6.2}$$

---

[1] Karte mit interaktiven Links über Standorte von *melody roads* in Japan siehe Kougyo Shinoda (2024).
[2] Viele authentische Fotografien und Hörbeispiele findet man, wenn man den japanischen Ausdruck für *melody roads* kopiert und googelt メロディーロード.

Dabei ist *d* die Breite einer Rillenstruktur, welche aus einer Erhebung und einer Senke besteht (Abb. 6.1). Der Rillenabstand beträgt die Summe aus der Breite einer Erhebung (0,25 m) und einer Senke (0,029 m), insgesamt also 0,279 m.

Die Grundfrequenz $f_1$ ist folglich abhängig von der Fahrzeuggeschwindigkeit *v* und der Breite einer kompletten Rillenstruktur *d*:

$$f_1 = \frac{v}{d} \tag{6.3}$$

Für den Einsatz dieses Kontextes in der Schule empfiehlt es sich, nicht gleich mit einer ganzen Melodie, sondern mit einem einzelnen Grundton zu starten. Einzelne Grundtöne erzeugen Rüttelstreifen (Abb. 6.2), die es im Übrigen auch in Deutschland gibt (z. B. A8 Hohenstadt-Ulm, A24 Hamburg-Berlin oder A63 Sembach-Dreieck Kaiserslautern).

Der Rüttelstreifen wurde mit unterschiedlichen Geschwindigkeiten befahren. Zunächst beschleunigte das Fahrzeug auf eine Geschwindigkeit von 137 km/h ($v_{max}$) und rollte dann bis auf eine Geschwindigkeit von 95 km/h ($v_{min}$) aus. Zwei Peaks im Geschwindigkeitsverlauf sind deshalb wichtig, weil die Frequenz, wie oben gezeigt, auch von der Geschwindigkeit abhängt und folglich auch das Sonagramm zwei Peaks aufzeigen wird. Über die Peaks in den verschiedenen Diagrammen (Geschwindigkeitsverlauf und Sonagramm) können die Messungen einander zugeordnet werden. Während der Fahrt wurden simultan Messungen durchgeführt: Der Frequenzverlauf wurde mit der App „Spectrum View" auf einem Smartphone erfasst, während ein weiteres Smartphone den Höreindruck und die Geschwindigkeiten mit der App „GPS Tracks" maß.

Abb. 6.3 stellt den Verlauf der Geschwindigkeit (rote Linie) und das Sonagramm der Fahrt nebeneinander dar. Bei konstantgehaltenen Rillenabständen folgt aus der Geschwindigkeitsvariation direkt die Frequenzvariation. Dies ermöglicht es uns, in beiden Darstellungen die Maxima bzw. Minima zu suchen und miteinander in Beziehung zu setzen. Für die maximale Geschwindigkeit von 137 km/h ($v_{max}$) zeigt

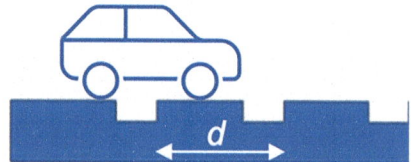

**Abb. 6.1** Schemazeichnung zum Rillenprofil bei *melody roads* (Ausschnitt für einen Grundton)

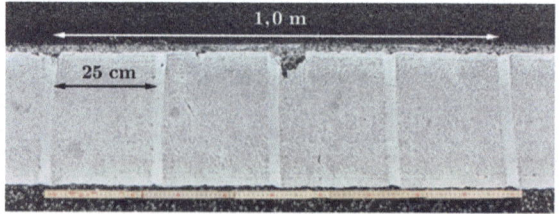

**Abb. 6.2** Rüttelstreifen auf der A63 Sembach-Dreieck Kaiserslautern. (Hirth, 2019, S. 116)

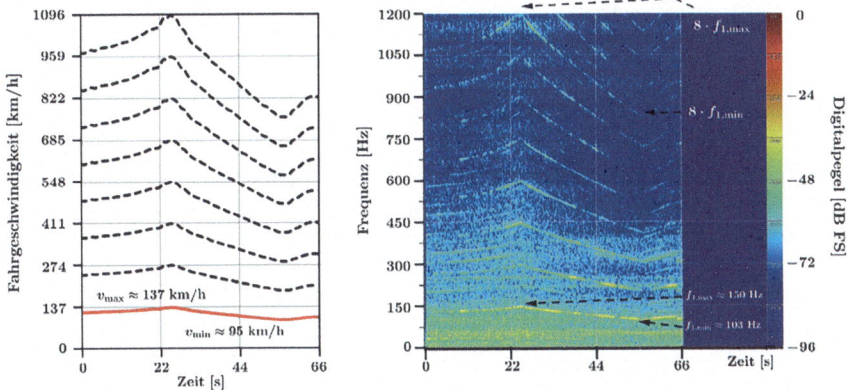

**Abb. 6.3** Geschwindigkeitsverlauf und Sonagramm. (Hirth, 2019, S. 117)

das Sonagramm eine Grundfrequenz von 150 Hz und für die minimale Geschwindigkeit von 95 km/h ($v_{min}$) eine Grundfrequenz von 103 Hz. Berechnet man aus diesen beiden Messwertpaaren den Abstand der Rüttelstreifen $d_{exp}$, erhält man

$$d_{exp,max} = \frac{38{,}06 \frac{\text{m}}{\text{s}}}{150 \text{Hz}} = 0{,}254 \text{ m} \text{ bzw. } d_{exp,min} = \frac{26{,}39 \frac{\text{m}}{\text{s}}}{103 \text{Hz}} = 0{,}256 \text{ m}.$$

Das Messen mit dem Meterstab und die akustische Messmethode liefern also ähnliche Werte.

### 6.2.2 Unterrichtseinsatz

Der Unterricht könnte damit beginnen, die Lernenden zunächst mit authentischen Videos oder Tonaufnahmen von *melody roads* zu konfrontieren, um Interesse und Neugier zu wecken (vgl. Kougyo Shinoda, 2024). Anschließend könnten im Unterrichtsgespräch Hypothesen dazu gesammelt werden, wie solche Effekte physikalisch möglich sind. Je nach Vorwissen der Lernenden kann die Lehrkraft dabei Leitfragen zur Entstehung von Schallwellen, zu ihrem Zusammenhang mit der Frequenz und zur Auswirkung der Geschwindigkeit auf die wahrgenommene Tonhöhe aufwerfen. Anschließend können die Lernenden in Kleingruppen verschiedene Fotografien von Rillenabständen analysieren und mit einem einfachen Analogieexperiment die Rolle der Rillenabstände überprüfen. Dazu sind nur verschiedene Gitter mit unterschiedlichen Abständen und ein Plastiklineal nötig. Die Lernenden ziehen zunächst das Lineal über die verschiedenen Gitter mit den unterschiedlichen Abständen und beobachten den Höreindruck. Anschließend wählen sie ein Gitter aus und ziehen das Lineal mit niedriger und danach mit hoher Geschwindigkeit über das Gitter. Auch hier beobachten sie den Höreindruck. Danach werden die Ergebnisse im Klassenverband diskutiert und die Beobachtungen mit den anfänglichen Hypothesen verglichen. Zuletzt erfolgt der rechnerische Abgleich.

## 6.3 Wummern: Von störenden Geräuschen zu wissenschaftlichen Erkenntnissen

Wummern oder Windpochen beschreibt das oft intensive pochende Geräusch, das beim Fahren mit geöffnetem Fenster oder Schiebedach entsteht. Das Pochen lässt auf dahinterliegende Schwingungen schließen. Eine grundlegende Erklärung bietet das Modell der durch den Luftstrom während der Fahrt angeregten Helmholtz-Resonanz (ähnlich der Tonerzeugung beim Pusten über eine Flaschenöffnung).

### 6.3.1 Physikalischer Hintergrund

Für die Anregung der Luftdruckschwankungen im Inneren des Autos kommen drei Mechanismen in Betracht, die nachfolgend erläutert sind.

**Mechanismus 1**
Die mathematische Beschreibung des Wummerns, das beim Autofahren mit geöffnetem Fenster auftritt, basiert auf den Prinzipien der Fluidmechanik und Akustik. Die Kerngleichungen, die diesen Vorgang beschreiben, umfassen die Bernoulli-Gleichung für die Druckverhältnisse in strömender Luft und die Gleichungen für den Helmholtz-Resonator zur Beschreibung der Resonanzfrequenz.

Für einen inkompressiblen, reibungsfreien Luftstrom lautet die Bernoulli-Gleichung entlang einer Luftströmung:

$$p + \frac{1}{2}\rho v_L^2 + \rho g h = \text{konstant}, \tag{6.4}$$

wobei $p$ der statische Druck, $\rho$ die Dichte der Luft, $v_L$ die Geschwindigkeit des Luftstroms, $g$ die Erdbeschleunigung und $h$ die Höhe über einem Referenzpunkt ist.

Gemäß der Bernoulli-Gleichung führt eine Zunahme der Geschwindigkeit der Luftströmung zu einer Abnahme des statischen Drucks in der Strömung. Beim Fahren mit geöffnetem Fenster wird die Luft außerhalb des Fahrzeugs beschleunigt, wenn sie über die Kanten des Fensters strömt, was zu einem lokalen Unterdruck nahe dem Fenster führt. Innerhalb des Fahrzeugs ist der Luftdruck relativ höher als der nach der Bernoulli-Gleichung reduzierte Druck direkt außerhalb des Fensters. Diese Druckdifferenz führt dazu, dass Luft aus dem Inneren des Fahrzeugs nach außen strömt, um den Druckunterschied auszugleichen.

**Mechanismus 2**
Die Strömung der Luft um die Kanten des Fensters kann zur Bildung von Wirbeln führen. Diese Wirbel lösen sich periodisch von den Kanten ab und erzeugen Druckschwankungen, die als Anregung des Luftvolumens im Fahrzeuginnenraum wirken. Nach dem Abreißen der Wirbel und dem vorübergehenden Ausströmen der Luft kann der äußere Druck die verbliebene Luft im Fahrzeuginnenraum kurzzeitig komprimieren, was zu einem Einströmen der Luft führt, sodass der lokale Druck außen am Fenster wieder sinkt.

Dieses Ein- und Ausströmen der Luft entspricht einer Anregung, die bei bestimmten Frequenzen mit den Resonanzfrequenzen des Fahrzeuginnenraums übereinstimmen kann, was zu verstärkten Schwingungen oder dem wahrgenommenen Pochen führt. Diese Schwingungen können ihrerseits die Luftströmung um das Fenster modulieren, wodurch der Zyklus von Druckschwankungen aufrechterhalten oder sogar verstärkt wird, besonders wenn die Anregungsfrequenz nahe einer der natürlichen Resonanzfrequenzen des Fahrzeuginnenraums liegt.

Mit Modulieren ist gemeint, dass die durch die Resonanz im Fahrzeuginnenraum erzeugten Schwingungen die Eigenschaften der Luftströmung um das Fenster herum verändern können. Die Schwingungen im Innenraum wirken zurück auf die Art und Weise, wie die Luft ein- und ausströmt, und beeinflussen somit die Strömungsdynamik. Dies kann Feedbackschleifen erzeugen. Das heißt, dass die Resonanzschwingungen und die Luftströmung sich gegenseitig verstärken, was zu stärker ausgeprägten Schwingungen oder Druckschwankungen führt.

## Resonanzfrequenzen des Fahrzeuginnenraums

Die Frequenz $f_{HR}$ der Schwingung, die durch den Helmholtz-Resonator (in diesem Fall das Auto mit einem offenen Fenster) erzeugt wird, kann mit der Gleichung

$$f_{HR} = \frac{c}{2\pi}\sqrt{\frac{A}{Vs}} \tag{6.5}$$

beschrieben werden. Dabei ist $V$ das Volumen des Fahrzeuginnenraums, $A$ die Querschnittsfläche der Fensteröffnung, $c$ die Schallgeschwindigkeit und $s$ die effektive „Dicke" der Fensteröffnung, angepasst um den Endkorrekturfaktor zur Berücksichtigung der Luftbewegung im Bereich der Öffnung (Hill et al., 2018).

Diese Gleichung ermöglicht es, die Frequenz des Wummerns basierend auf den Abmessungen des Autos und der Fensteröffnung zu berechnen. Die resultierende Frequenz ist typischerweise sehr niedrig, was dem wahrgenommenen Wummern entspricht (Hirth, 2019).

Um eine Beispielrechnung für das Wummern durchzuführen, das entsteht, wenn ein Toyota Yaris (Abb. 6.4) mit komplett geöffnetem Beifahrerfenster fährt, konzentrieren wir uns auf die Berechnung der Resonanzfrequenz mittels der Formel des Helmholtz-Resonators. Für die Berechnung benötigen wir die Schallgeschwindigkeit $c$ (etwa 343 m/s bei 20 °C), die Querschnittsfläche der Fensteröffnung

 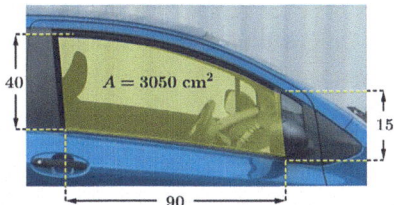

**Abb. 6.4** Toyota Yaris mit geöffnetem Beifahrerfenster und markierter Querschnittsfläche der Fensteröffnung. (Hirth, 2019, S. 259)

$A$ (0,305 m²), $V$ das Volumen des Fahrzeuginnenraums $V$ (9,8 m³, Herstellerangaben: 1530 × 3785 × 1695 mm³) und die effektive „Dicke" der Fensteröffnung $s$ (0,05 m + 0,1 m). Die Resonanzfrequenz beträgt ungefähr 24,9 Hz (eine genauere Bestimmung der Resonanzfrequenz findet sich bei Hirth [2019]).

### 6.3.2 Unterrichtseinsatz

Die Komplexität dieses Phänomens, das sich über das Bernoulli-Prinzip, die Fluidmechanik, die Schwingungslehre und die Akustik erstreckt, wird zunächst durch Aufteilung in leichter verständliche Sequenzen erschlossen. Ein methodisch abgestufter Ansatz beginnt mit einer grundlegenden Einführung in die Luftströmung und den Bernoulli-Effekt, was den Lernenden hilft, ein intuitives Verständnis der fundamentalen Prinzipien zu entwickeln. Im nächsten Schritt rücken Druckunterschiede und deren Auswirkungen auf Strömungen in den Fokus. Hierbei wird erörtert, wie diese Konzepte auf das Phänomen des ein- und ausströmenden Luftstroms bei einem geöffneten Autofenster angewendet werden können.

Der dritte Schritt widmet sich der Erklärung von Schwingungen und deren Vorkommen in der Natur. Feder-Masse-Systeme dienen als Demonstrationsobjekte, um zentrale Schwingungsbegriffe wie Amplitude, Frequenz und Periode zu veranschaulichen, und sie bieten zugleich eine anschauliche Analogie zum Helmholtz-Resonator. Indem man die Bewegung der Masse an der Feder mit dem Ein- und Ausströmen der Luft in einem Helmholtz-Resonator vergleicht, können Lernende ein tieferes Verständnis für die Dynamik von Schwingungen und deren Auswirkungen auf die Akustik entwickeln. Diese Analogie hilft zu verdeutlichen, wie Schwingungen in einem abgeschlossenen System, ähnlich der Luftbewegung in einem Fahrzeuginnenraum bei geöffnetem Fenster, Schallwellen erzeugen können. Dadurch wird der Bogen zum Phänomen des Wummerns gespannt, wobei die Lernenden angeleitet werden, die erlernten Konzepte zu verknüpfen, um das komplexe Geschehen des Wummerns bei geöffnetem Fenster zu begreifen.

## 6.4 Vom Hörerlebnis zur Schallwelle

Aus physikalischer Perspektive stellt Schall eine mechanische Welle dar, die sich durch die Deformation eines Mediums ausbreitet. Schallwellen breiten sich in festen, flüssigen und gasförmigen Medien aus. Schallwellen in Flüssigkeiten und Gasen treten ausschließlich als Longitudinalwellen in Erscheinung. In Festkörpern ist die Ausbreitung sowohl longitudinaler als auch transversaler Art vorhanden. Die wichtigste Kenngröße ist der Schallwechseldruck $p$ bzw. in logarithmierter Form der Schalldruckpegel, weitere Charakteristika sind unter dem Begriff „Schallfeldgrößen" zusammengefasst.

## 6.4.1 Das menschliche Gehör

Das Hören ist die Sinneswahrnehmung von Schall durch das Gehör und wird auch als auditive Wahrnehmung bezeichnet. Die Wahrnehmung und Analyse von Schallereignissen ist nicht nur lebens- und überlebenswichtig, sondern auch für unsere menschliche Kultur essenziell, die Entstehung der Sprache ist maßgeblich mit dem Hörvermögen verbunden. Auch wenn die Verarbeitung von Sprache eine Leistung der zentralen Schallverarbeitung in der Hörbahn und dem auditorischen Cortex ist, so ist das nur möglich, weil bereits die periphere Schallverarbeitung unseres Gehörs die Grenzen des biologisch und physikalisch Möglichen ausreizt.

### Hörfläche

Die Hörfläche charakterisiert den Frequenz- und Schalldruckpegelbereich, der von uns Menschen wahrgenommen werden kann (Abb. 6.5).

Die tiefste hörbare Frequenz von ca. 16 Hz begrenzt die Hörfläche links, die höchste von etwa 20 kHz rechts. Die Hörschwelle, also der gerade noch wahrnehmbare Schalldruckpegel, begrenzt die Hörfläche unten und ist sehr stark von der Frequenz abhängig. Oben wird unser Gehör von der Schmerzschwelle begrenzt.

Wir können unter bestimmten Bedingungen Frequenzunterschiede von ca. 0,1 bis 0,5 % erkennen und sind damit in der Lage, einige Hundert bis Tausend verschiedene Tonhöhen zu unterscheiden. Am empfindlichsten ist unser Gehör im Frequenzbereich zwischen 2 und 5 kHz, in dem Bereich, in dem die Sprache und auch Lautäußerungen vieler Tiere angesiedelt sind. Geräusche, die die Schmerzschwelle erreichen oder überschreiten, können im Allgemeinen nur technisch erzeugt werden und kommen in der Natur nur äußerst selten vor.

Die immense Leistungsfähigkeit des Gehörs wird illustriert durch das Verhältnis des leisesten wahrnehmbaren Schalldrucks zu einem nahe der Schmerzschwelle, das dem Verhältnis der potenziellen Energie von einer Maus zu fünf Elefanten entspricht (Abb. 6.6).

### Aufbau des Gehörs

Das menschliche Gehör besteht aus dem Außen-, Mittel- und Innenohr. Das Innenohr umfasst das Gleichgewichtsorgan und die Hörschnecke (Abb. 6.7).

**Abb. 6.5** Die Hörfläche des normalhörenden Menschen

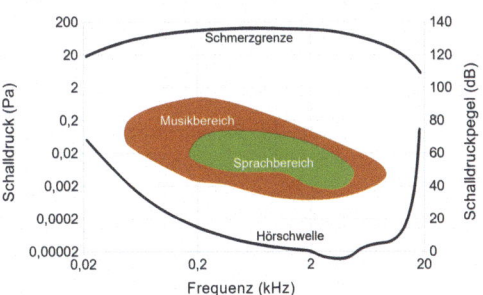

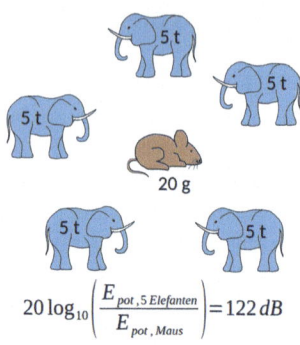

**Abb. 6.6** Das Verhältnis des leisesten wahrnehmbaren Schalldrucks zu einem nahe der Schmerzschwelle. (© M. Ganz)

$$20 \log_{10}\left(\frac{E_{pot,\,5\,Elefanten}}{E_{pot,\,Maus}}\right) = 122\,dB$$

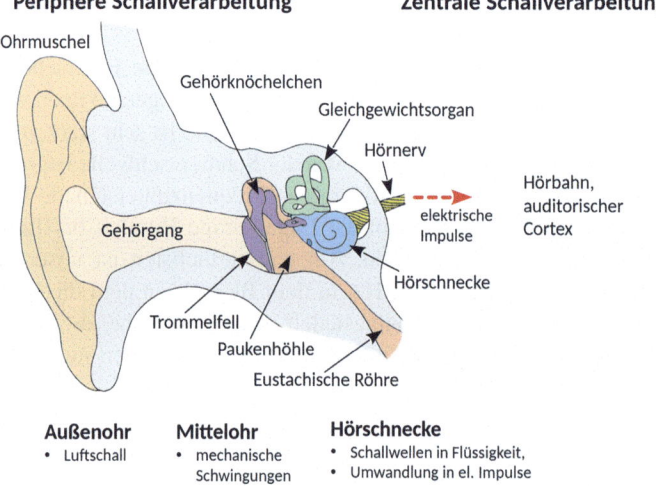

**Abb. 6.7** Aufbau des menschlichen Gehörs. (© M. Ganz)

Ohrmuschel, Ohrläppchen und Gehörgang bilden das Außenohr. Sie nehmen den Luftschall unserer Umwelt auf, bündeln ihn und leiten ihn zum Trommelfell weiter, das dadurch in Schwingungen versetzt wird.

Die Schwingungen werden über die drei Gehörknöchelchen Hammer, Amboss und Steigbügel auf das ovale Fenster, eine dünne Membran, die die Hörschnecke verschließt, übertragen (Abb. 6.7). Die Eustachische Röhre ist mit dem Rachenraum verbunden und dient dem Druckausgleich von Paukenhöhle und Umgebung.

In der Hörschnecke werden die Schwingungen nach Frequenz und Schalldruck analysiert, von den dort vorhandenen Sinneszellen in adäquate elektrische Signale (Aktionspotenziale) umgewandelt und an den Hörnerv weitergegeben. An dieser Stelle ist die sogenannte periphere Schallverarbeitung abgeschlossen. Jetzt folgt die zentrale Verarbeitung: Die Aktionspotenziale werden vom Hörnerv über die Hörbahn weitergeleitet und verarbeitet. Das beinhaltet z. B. das Richtungshören, die Sprachverarbeitung und die bewusste Auswertung der Information im Großhirn; diese Aspekte betrachten wir hier nicht weiter.

Die Evolution hat unser Gehör so konstruiert, dass nahezu alle relevanten natürlichen Schallereignisse verarbeitet werden können. Die im Mittelohr und der Hörschnecke auftretenden Schwingungsamplituden, bei denen gerade noch eine Hörwahrnehmung erfolgt, betragen $10^{-10}$ bis $10^{-11}$ m (Sellick et al., 1982) und liegen damit in der Größenordnung von Atomdurchmessern und auch jener der Amplitude des thermischen Rauschens (Bialek, 1987). Damit werden die Grenzen des physikalisch Sinnvollen ausgeschöpft.

Das menschliche Gehör ist eine Meisterleistung evolutionärer Ingenieurskunst und aus physikalischer Sicht ist es lohnenswert, einen Teilaspekt detaillierter zu betrachten.

**Warum brauchen wir ein Mittelohr?**

Die Wahrnehmung von äußeren Reizen physikalischer und chemischer Natur ist für alle Lebewesen, vom Einzeller bis zu den hoch entwickelten Säugetieren, lebensnotwendig und überlebenswichtig.

Leben ist vor ca. 4 Mrd. Jahren im Wasser entstanden, aber erst vor ca. 400 Mio. Jahren traten die ersten Landlebewesen in Erscheinung. In 3,5 Mrd. Jahren hat die Evolution Sinnes- oder Rezeptorzellen, die äußere Reize in elektrische Nervenimpulse umwandeln, im Wasser entwickelt und optimiert. Die Erfassung von Meeresströmungen, die Größe und Bewegungsrichtung von Beutetieren oder Feinden und auch die Kommunikation innerhalb eines Schwarms erforderten darauf spezialisierte, höchstempfindliche Sensoren, die sogenannten Haarzellen, die sich z. B. im Seitenlinienorgan der Fische befinden. Als die ersten Lebewesen das Land eroberten, ergab sich die Notwendigkeit, atmosphärische Druckschwankungen wahrzunehmen, doch leider funktionieren Haarzellen nicht in der Luft. Die Evolution bediente sich eines Tricks und verpackte sie in eine knöcherne, flüssigkeitsgefüllte Kammer, die Urform der Hörschnecke, die mit einer elastischen Membran gegen die Atmosphäre abgeschirmt und in den Kopf hinein verlagert wurde. So konnte der auf die Membran treffende Luftschall in die Flüssigkeit übertragen werden. Die dort befindlichen Haarzellen vermittelten den Lebewesen einen ersten, wenn auch noch sehr rudimentären akustischen Eindruck der Umgebung.

Wenn Schall von einem Medium in ein anderes übergeht, z. B. beim Übergang von Luft in Wasser, so gelangt nur ein Anteil der einfallenden Schallwelle in das neue Medium, der andere Anteil wird an der akustischen Grenzfläche reflektiert. Das Verhältnis von reflektiertem Schalldruck $p_r$ zu einfallendem Schalldruck $p_e$ wird durch den Schallreflexionsfaktor $r$ beschrieben:

$$r = \frac{p_r}{p_e} \quad (6.6)$$

Der Grad der Reflexion wird bestimmt durch die Schallkennimpedanz (Wellenwiderstand) der beteiligten Medien: $Z = \rho c$ mit der Dichte $\rho$ und der Schallgeschwindigkeit $c$ des jeweiligen Mediums. Wenn der Schall senkrecht auf die Grenzfläche trifft, kann der Schallreflexionsfaktor mithilfe der Impedanzen $Z_{Luft} \approx 400$ Ns/m³, $Z_{Wasser} \approx 1{,}5 \cdot 10^6$ Ns/m³ berechnet werden:

$$r = \frac{Z_{\text{Luft}} - Z_{\text{Wasser}}}{Z_{\text{Luft}} + Z_{\text{Wasser}}} \approx -0{,}99947 \tag{6.7}$$

Das heißt, etwa 99,95 % des Schalldrucks werden reflektiert (deswegen das negative Vorzeichen) und nur 0,05 % des Schalldrucks werden in die Hörschnecke weitergegeben und stehen für die Analyse durch die Haarzellen zur Verfügung, was, als Schalldruckpegel, einem Verlust von $L = 20 log_{10}(0{,}99947/0{,}00053) \approx 65$ dB entspricht.

Tiefe Töne hoher Amplituden lassen sich mit dieser einfachen Konstruktion noch relativ gut wahrnehmen, aber für ein komfortables, dauerhaftes Leben und Überleben auf dem Land war die Verbesserung der Wahrnehmung mittlerer und hoher Töne mit geringen Amplituden unabdingbar. Deshalb musste ein Apparat entwickelt werden, der den Verlust durch Reflexion an der Grenzfläche kompensiert. Vor etwa 350 Mio. Jahren hat die Evolution deshalb einige weniger wichtige Knöchelchen des Kiefergelenks zweckentfremdet, in eine luftgefüllte Kammer gepackt und zu einem Hebelmechanismus umfunktioniert. Diese Kammer wurde dem vorhandenen Hörorgan vorgelagert und mit einer weiteren Membran, dem Trommelfell, verschlossen. Ein Hebelarm wurde auf das Trommelfell, der zweite auf die Membran der flüssigkeitsgefüllten Kammer, das ovale Fenster, gesetzt (Abb. 6.8). Das Mittelohr bewirkt dort eine Erhöhung des Schalldrucks um einen Gesamtverstärkungsfaktor $g$ im Sinne einer Impedanzanpassung.

In einer vereinfachten Betrachtung wirken bei der Verstärkung des Schalldrucks folgende Komponenten:

1. Der Verstärkungsfaktor $g_A$, gegeben durch das Verhältnis von Trommelfellfläche $A_{TF}$ zu der der Steigbügelfußplatte $A_{SF}$. Die effektive Fläche des Trommelfells beträgt ca. 55 mm², die der Steigbügelfußplatte etwa 3,2 mm², damit beträgt

$$g_A = \frac{p_2}{p_1} = \frac{A_{\text{TF}}}{A_{\text{SF}}} = \frac{55 \text{mm}^2}{3{,}2 \text{mm}^2} = 17{,}19. \tag{6.8}$$

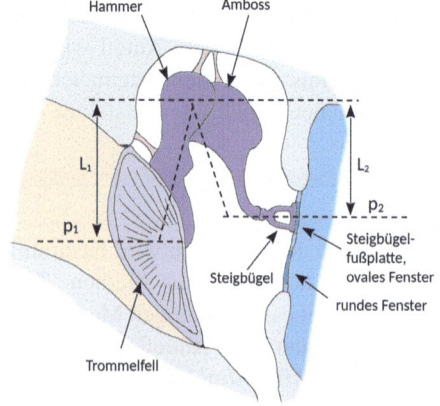

**Abb. 6.8** Aufbau des Mittelohrs. Der Schalldruck $p_1$ wirkt am Trommelfell, $p_2$ ist der Eingangsschalldruck an der Hörschnecke. Die gestrichelten Linien skizzieren das Hebelsystem mit den effektiven Hebellängen $L_1$ und $L_2$. (© M. Ganz)

2. Der Verstärkungsfaktor $g_H$ über das Hebelverhältnis $L_1 : L_2$ von Hammer und Amboss beträgt etwa 1,4 (Khanna & Tonndorf, 1972).
3. Der Verstärkungsfaktor $g_{TF}$ am Trommelfell aufgrund der gekrümmten Form beträgt etwa 2 (Helmholtz, 1868).

Der Gesamtverstärkungsfaktor ergibt sich aus dem Produkt der Komponenten:

$$g = g_A g_H g_{TF} = 17{,}19 \cdot 1{,}4 \cdot 2 = 48{,}17. \tag{6.9}$$

Das heißt, der am ovalen Fenster in die Hörschnecke übertragene Schalldruck entspricht dem 48-Fachen des Schalldrucks am Trommelfell, was einem Reflexionsverlust von nur noch 97,4 % und einem in die Hörschnecke übertragenen Schalldruck von 2,6 % entspricht. Das mag auf den ersten Blick wenig erscheinen, aber der Gewinn, als Schalldruckpegel, beträgt fast 34 dB. Damit wird durch das Mittelohr der Verlust an der Grenzfläche zur Hörschnecke von 65 auf 31 dB verringert.

## 6.5 Fazit

In diesem Buchbeitrag zum kontextorientierten Unterricht in der Akustik werden Authentizität, Komplexität und Interdisziplinarität als zentrale Merkmale hervorgehoben und durch Beispiele wie Japans singende Straßen, das Wummern bei geöffnetem Autofenster und die Funktionsweise des Ohrs illustriert. Diese Themen dienen dazu, die Prinzipien der Akustik in realen, für Lernende greifbaren Kontexten zu vermitteln. Durch die Verknüpfung von Physik mit Alltagserfahrungen und die Integration von biologischen Aspekten der Schallwahrnehmung wird ein tiefes Verständnis für die zugrundeliegenden wissenschaftlichen Konzepte gefördert. Der kontextorientierte Ansatz betont die Bedeutung eines interdisziplinären Unterrichts, der Lernende dazu befähigt, komplexe Phänomene zu analysieren und zu verstehen.

**Danksagung** Wir bedanken uns bei der Wilfried-und-Ingrid-Kuhn-Stiftung für die Förderung unserer Arbeit (Projektnummer: T0330/3345/42139/2023).

## Literatur

Betz, A. (2018). Der Einfluss der Lernumgebung auf die (wahrgenommene) Authentizität der linguistischen Wissenschaftsvermittlung und das Situationale Interesse von Lernenden. *Unwis, 46*(3), 261–278.
Bialek, W. (1987). Physical limits to sensation and perception. *Annual Review of Biophysics and Biochemistry, 16*, 455–478.
Helmholtz, H. (1868). Die Mechanik der Gehörknöchelchen und des Trommelfells. *Pflügers Archiv, 1*, 1–60.
Herrington, J., & Oliver, R. (2000). An instructional design framework for authentic learning environments. *ETR&D, 48*, 23–48.
Hill, R., Mendieta, M., Bruce, P., & Stokes, D.E. (2018). *Resonance Frequency of a Helmholtz Resonator*.

Hirth, M. (2019). *Akustische Untersuchungen mit dem Smartphone und Tablet-Computern – Fachliche und didaktische Aspekte, Dissertation Technische Universität Kaiserslautern*. Verlag Dr. Huth.

Kauertz, A., & Fischer, H. E. (2006). Assessing students' level of knowledge and analysing the reasons for learning difficulties in physics by Rasch analysis. In X. Liu & W. J. Boone (Hrsg.), *Applications of Rasch measurement in science education* (S. 212–246). JAM Press.

Khanna, S. M., & Tonndorf, J. (1972). Tympanic membrane vibrations in cats studied by time-averaged holography. *The Journal of the Acoustical Society of America, 51*, 1904–1920.

Kougyo Shinoda. (2024). Übersichtskarte zu Standorten von *melody roads*. https://www.shinoda-kogyo.net/about/. Zugegriffen am 18.06.2024.

Kuhn, J., Müller, A., Müller, W., & Vogt, P. (2010). Kontextorientierter Physikunterricht: Konzeptionen, Theorien und Forschung zu Motivation und Lernen. *PdN-PhiS, 5*(59), 13–25.

Labudde, P. (2003). Fächer übergreifender Unterricht in und mit Physik: Eine zu wenig genutzte Chance. *Physik und Didaktik in Schule und Hochschule, 1*(2), 48–66.

Moegling, K. (1998). *Fächerübergreifender Unterricht – Wege ganzheitlichen Lernens in der Schule*. Julius Klinkhardt.

Müller, R. (2006). Kontextorientierung und Alltagsbezug. In H. Mikelskis (Hrsg.), *Physik-Didaktik. Praxishandbuch für die Sekundarstufe I und II*. Cornelsen.

Nachtigall, V., Shaffer, D. W., & Rummel, N. (2022). Stirring a secret sauce: A literature review on the conditions and effects of authentic learning. *Educational Psychology Review, 34*(3), 1479–1516.

Pozas, M., Löffler, P., Schnotz, W., & Kauertz, A. (2020). The Effects of Context-based Problem-solving Tasks on Students' Interest and Metacognitive Experiences. *Open Education Studies, 2*(1), 112–125.

Reinhold, P., & Bünder, W. (2001). Stichwort: Fächerübergreifender Unterricht. *ZfE, 4*, 333–357.

Schriebl, D., Müller, A., & Robin, N. (2023). Modelling authenticity in science education. *Sci & Educ, 32*, 1021–1048.

Sellick, P. M., Patuzzi, R. B., & Johnstone, B. M. (1982). Measurement of basilar membrane motion in the guinea pig using Mössbauer technique. *Journal of the Acoustical Society of America, 72*, 131–141.

Tucker, A., & Perkins, E. (2020). Asphaltophones: Modeling, analysis, and experiment. *Journal of the Acoustical Society of America, 148*(1), 236–242.

Watzka, B. (2021). Physikalische Prinzipien erkennen, abstrahieren und umsetzen: Förderung naturwissenschaftlicher Arbeitsweisen durch die Behandlung der Erkenntnisschritte der Bionik. *NiU Physik, 185*, 2–7.

Watzka, B., & Girwidz, R. (2015). Einfluss der Kontextorientierung und des Präsentationsmodus von Aufgaben auf den Wissenserwerb und die Transferleistung physikalischer Inhalte. *ZfDN, 21*(1), 187–206.

Wiesner, H., & Colicchia, G. (2002). Motivierender Physikunterricht durch fächerübergreifende Beispiele aus Medizin und Biologie. *PlusLucis, 1*(2002), 10–15.

Zhou, M., Huang, D., Hu, Y., Zhou, L., & An, L. (2018). Musical roads: design, construction and potential economic and safety benefits. *Proceedings of the Institution of Civil Engineers – Transport 175*(1), 23–42.

# 7  MINT-Cluster TÖNE – Außerschulische Akustikangebote für Jugendliche

Gunnar Friege

## 7.1    Einleitung

Das Thema „Schwingungen und Wellen", das Gegenstand des WE Heraeus Seminars war, ist in den Curricula des Physikunterrichts fest verankert. Insbesondere mechanische und elektromagnetische Schwingungen spielen in der Sekundarstufe 2 eine große Rolle. Die Akustik ist ein kleines Teilgebiet dieses weit umfassenden Themas „Schwingungen und Wellen". Es findet sich in vielen, aber nicht gleichermaßen in allen bundesweiten Curricula der Primarstufe (z. B. menschliche Sinne, Hören, Lärm), der Sekundarstufe 1 (z. B. Entstehung und Ausbreitung von Schall, Charakteristika, Ultra- und Infraschall) sowie in der Sekundarstufe 2 (z. B. Interferenz, Resonanz, Frequenzanalysen) (Friege et al., 2023a).

Die Akustik ist ohne Zweifel ein fachübergreifendes Thema und nicht nur auf die Physik beschränkt. Leicht finden sich Bezüge zur Biologie (z. B. Hören im Tierreich), zur Medizin (z. B. Hörbeeinträchtigungen), zur Musik (z. B. Frequenzspektren von Instrumenten) oder zur Technik (z. B. Geräuschdesign). Die Vielfalt akustischer Themen ist breit (siehe z. B. Friege, 2023b). Alltagskontexte sind reichlich vorhanden und oft erlaubt die Akustik auch einen spielerischen Zugang.

Die vorliegende Ausarbeitung beschreibt die Inhalte eines interaktiven Vortrags über außerschulische Akustikangebote für Jugendliche. An den Vortrag schloss sich ein Workshop an, in dem alle Teilnehmer und Teilnehmerinnen eine Reihe von Akustikexponaten erproben konnten. Diese schriftliche Darstellung kann natürlich nur sehr eingeschränkt die Interaktivität in Vortrag und Workshop und auch nur sehr eingeschränkt die konkreten akustischen Beispiele verdeutlichen. Die Verweise auf ausführlichere Darstellungen und andere Medien helfen hier hoffentlich etwas weiter.

---

G. Friege (✉)
Leibniz Universität Hannover, Institut für Didaktik der Mathematik und Physik, Hannover, Deutschland
E-Mail: friege@idmp.uni-hannover.de

Der Vortrag begann unmittelbar mit einer Warm-up-Aufgabe mit Bezug zur Akustik für die Teilnehmer und Teilnehmerinnen. Dazu war der Raum präpariert: Auf jedem Platz lagen zwei Strohhalme aus Pappe, ein Klebestreifen und eine Schere. Die Aufgabenstellung wurde nach kurzen Sicherheitshinweisen und Zeigen der Messapparatur projiziert. Die Warm-up-Aufgabe lautete:

**Aufgabe:** Konstruieren Sie mit den Strohhalmen, Papier und einem Klebestreifen in 2 min eine Vorrichtung, mit der sich ein möglichst lautes Geräusch erzeugen lässt.

- Es müssen nicht alle Materialien verwendet werden!
- Die Schere darf nicht Teil der Vorrichtung oder der Geräuscherzeugung sein.
- Die Lautstärke wird im Abstand von ca. 50 cm von der Vorrichtung mit einem Schalldruckpegelmessgerät bestimmt.
- Die Vorrichtung darf mit den Händen oder mit der Atemluft in Gang gesetzt werden. Nur Schreien, Rufen, Singen … ist nicht zulässig.

Die Teilnehmer und Teilnehmerinnen erfanden sehr unterschiedliche Konstruktionen; das Material war mit Blick auf die Musterlösung bewusst überbestimmt. Einige Konstruktionen funktionierten nicht oder waren offensichtlich so leise, dass kein Messversuch mit dem Schalldruckpegelmessgerät unternommen wurde. Die lauteste Konstruktion, eine Tröte, erzielte einen Wert von beachtlichen 86 dB und einige weitere Konstruktionen Werte um 75 dB. Im Vortrag wurde eine (!) Lösung der Aufgabe mit einem vorbereiteten Video vorgeführt. Auch hier handelte es sich um eine Tröte, die in ca. 30 s gebastelt wurde. Sie besteht aus einem abgeschnittenen, geraden Strohhalmstück, welches an einem Ende plattgedrückt wird. Das platte Ende des Strohhalms wird mit der Schere an beiden Seiten spitz zugeschnitten. Die Tröte wird „gespielt", in dem sich das Ende mit den Spitzen im Mundraum befindet und in den Strohhalm gepustet wird.[1] Diese Aufgabe lässt sich aber noch viel weiter treiben: Wie verändert sich das Geräusch, wenn die Länge der Tröte verändert wird? Mit einer Schere gelingt dies einfach und eine Veränderung kann man mit den Ohren bereits wahrnehmen, aber natürlich auch noch physikalisch tiefgehender untersuchen.

Nach diesem Warm-up wurde zunächst ein umfangreiches MINT-Programm des Bundesministeriums für Bildung und Forschung (BMBF), die regionalen MINT-Cluster, vorgestellt. Die außerschulischen Akustikangebote werden im Rahmen des regionalen MINT-Clusters TÖNE entwickelt und durchgeführt. Die Region des Clusters TÖNE ist dabei die Region Hannover, was die naheliegende Frage provoziert:

---

[1] Bauanleitung z. B. https://www.schule-und-familie.de/experimente/experimente-mit-ton/zauber-floete.html, (21.08.2024).

# 7 MINT-Cluster TÖNE – Außerschulische Akustikangebote für Jugendliche

> Warum ist eigentlich ein MINT-Cluster zur Akustik (ausgerechnet) in Hannover?

Die Teilnehmer und Teilnehmerinnen sollten parallel zum Vortrag über diese Frage nachdenken und Antworten ggf. notieren. Die Auflösung war für den Schlussteil des Vortrags zugesagt.

## 7.2 Regionale MINT-Cluster

Das BMBF hat im Zuge einer großanlegten MINT-Initiative das Programm „Regionale MINT-Cluster" aufgelegt (BMBF, 2024). Das zentrale Ziel ist:

> „Außerschulische MINT-Angebote in der Fläche auszubauen und zu verstetigen – das ist das Ziel der MINT-Cluster" (BMBF)

Zum Zeitpunkt des Vortrags wurden bereits zwei Förderrunden ausgerufen und regionale MINT-Cluster in die Förderung aufgenommen. In der ersten Runde (Start 10/2020–1/2021) wurden 18 Cluster gefördert, in der zweiten Runde (Start 1/2022–10/2022) 25 weitere Cluster. Eine dritte Förderrunde startete im Juli 2024; insgesamt sind 73 regionale MINT-Cluster im Bundesgebiet aktiv.

Zu den zentralen Förderkriterien in den ersten beiden Ausschreibungsrunden zählen:

a) Gefördert werden Bildungsangebote für Kinder und Jugendliche zwischen zehn und 16 Jahren im außerschulischen Bereich.
b) Die MINT-Cluster sollen kooperativ getragen werden von mindestens drei unterschiedlichen Verbundpartnern aus den Bereichen Wissenschaft, Zivilgesellschaft, Wirtschaft und öffentlicher Sektor.

Daneben wurden u. a. spezielle MINT-Angebote für Mädchen ebenso in der Ausschreibung genannt, wie ein Verstetigungskonzept der MINT-Cluster über die BMBF-Förderungsdauer hinaus.

Abb. 7.1 zeigt eine Verteilung im Bundesgebiet der bislang geförderten 73 regionalen MINT-Cluster. Exemplarisch finden sich – um die Vielfalt zu zeigen – Informationen zu vier zufällig ausgewählten regionalen MINT-Clustern in der Tab. 7.1. Unter BMBF (2024) lassen sich zu allen regionalen Clustern noch mehr Informationen finden.

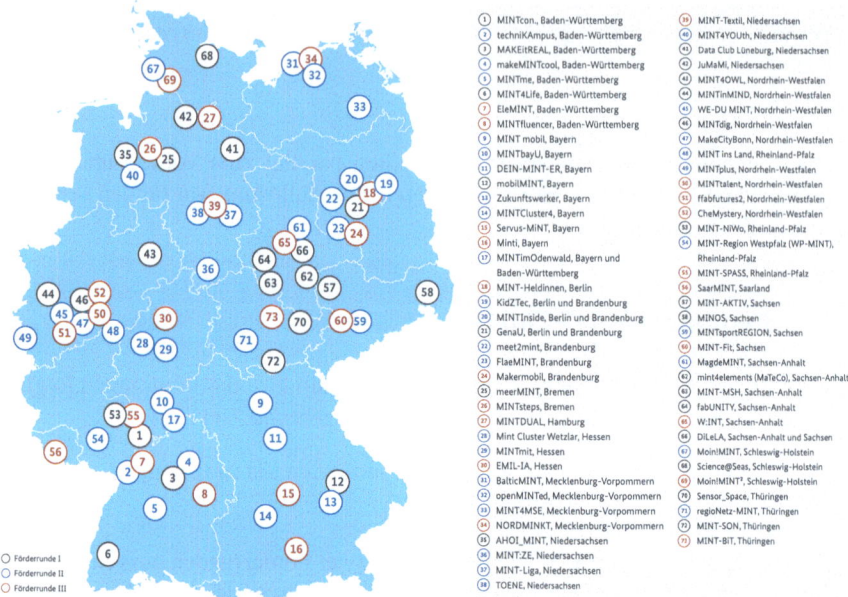

**Abb. 7.1** Übersicht und Namen der regionalen MINT-Cluster. (BMBF, 2024)

**Tab. 7.1** Beispiele für regionale MINT-Cluster

| Regionaler MINT-Cluster (Name und Nummer in Abb. 7.1) | Kurzschreibung (Leitung und zentrale Idee) |
|---|---|
| **MAKEitREAL** Nr. 3 | • Leitung durch die Hochschule Heilbronn<br>• Entwicklung eines mobilen Makerspace für Mädchen mit Migrationshintergrund<br>• spielerischer und experimentierfreudiger Zugang zu MINT-Fächern |
| **MINT4Life** Nr. 6 | • Leitung durch die Pädagogische Hochschule Freiburg<br>• Aufbau von zehn 3D-Druck-Werkstätten<br>• öffentlich zugänglich, Angebote für Jugendliche und Familien |
| **meerMINT** Nr. 25 | • Leitung durch die Universität Bremen<br>• Aufbau von vier „meerMINT-Docks"<br>• Jugendliche erhalten hier wohnortnahe außerschulische MINT-Angebote (z. B. Reparieren des Toasters, Programmierung von Robotern) |
| **Sensor Space** Nr. 70 | • Leitung durch den Verein TRIDELTA Campus Hermsdorf e.V.<br>• Ergänzung der Angebote des Schülerforschungszentrums um außerschulische Angebote zur Sensorik<br>• „Sensor Space Mobils" bringt MINT-Angebote in ländliche Regionen |

## 7.3 Der regionale MINT-Cluster TÖNE – Überblick

Der regionale MINT-Cluster „TÖNE – MINT hören und erleben" (TÖNE, 2024) wird seit Oktober 2022 und bis September 2025 gefördert; um eine zusätzliche Förderung für weitere zwei Jahre kann man sich bewerben. Erkennungszeichen bei allen Aktivitäten ist das Logo in Abb. 7.2. Es handelt sich um einen MINT-Cluster in der Region Hannover, die neben der Stadt Hannover (ca. 500.000 Einwohner) 20 weitere Städte und Gemeinden umfasst und von insgesamt ca. 1.180.000 Einwohnern auf einer Fläche von ca. 2290 km$^2$ bewohnt wird.

Die *Verbundpartner* des Clusters TÖNE sind:

1. Leibniz Universität Hannover (AG Physikdidaktik und Institut für Sachunterricht und inklusive Didaktik) (Bereich Wissenschaft); Leitung des Clusters
2. Tonstudio Tessmar (Bereich Wirtschaft)
3. Region Hannover (Bereich öffentliche Institution)

Verbundpartner und Mitarbeiterinnen des Projekts bilden die Steuerungsgruppe, die auf regelmäßigen Treffen die Detailplanung der tieferstehend beschriebenen Aktivitäten des Clusters und die inhaltliche und organisatorische Vorbereitung der Treffen mit der TÖNE-Netzwerkgruppe vornimmt. Letztere wird gebildet von Personen aus Wirtschaft, Wissenschaft, Handwerk, Gesundheit, Kultur und öffentlichen Institutionen, die sich zum inhaltlichen Austausch mit dem Projekt etwa alle drei bis vier Monate trifft.

Der regionale MINT-Cluster TÖNE hat mit der Akustik bzw. dem Hören einen klaren thematischen Fokus:

> „Das Cluster TOENE hat sich zum Ziel gesetzt, Akteure aus der Region Hannover zum MINT-Bereich „Hören" zu vernetzen, um das Thema für Jugendliche niedrigschwellig in betreuten Angeboten erfahrbar zu machen." (BMBF, 2024)

Die Aktivitäten von TÖNE gliedern sich in vier große Bereiche: A Wanderausstellung, B Hörwettbewerbe, C Citizen-Science-Wettbewerbe und D Workshops zur

**Abb. 7.2** Logo des regionalen MINT-Clusters TÖNE

**Tab. 7.2** Aktivitäten des regionalen MINT-Clusters TÖNE

| Aktivität | Kurzschreibung |
|---|---|
| A Wanderausstellung | • Akustikexponate, die an wechselnden öffentlichen Orten Jugendlichen (und auch der breiten Öffentlichkeit) zugänglich gemacht werden |
| B Hörwettbewerbe | • öffentliche Ausschreibung von Hörwettbewerben unterschiedlicher Art in der Region Hannover, Gewinn (kleiner) Preise ist möglich |
| C Citizen-Science-Projekte | • Einbindung von Jugendlichen in kleine Forschungsprojekte im Sinne einer Bürgerbeteiligung |
| D Berufsfelderkundungen zur Akustik | • Workshops für Jugendliche mit dem Ziel, Akustik als Thema für Fachkräfte und Forschung zu präsentieren |

Berufsfelderkundung. Kurzbeschreibungen dieser Bereiche sind in Tab. 7.2 aufgeführt; konkrete Beispiele zu diesen Aktivitätsbereichen werden im nachfolgenden Abschnitt diskutiert. Alle aktuellen Aktivitäten werden über die Homepage des Projekts TÖNE (2024; http://www.projekt-toene.de) veröffentlicht.

Mit diesen Aktivitäten deckt TÖNE eine Vielzahl der vom BMBF beschriebenen, möglichen Facetten der regionalen MINT-Cluster ab. Dazu gehören u. a. mobile Angebote, Wettbewerbe, Feste/Festivals, Handwerk, Berufsorientierung, Kursangebote/Workshops, Technik, Naturwissenschaften, Musik und Medien.

TÖNE beruht auf einer Reihe von Vorarbeiten und ist eingebettet in die sehr viel breiter angelegte Aktion der Region Hannover, die Hörregion Hannover (2023). Die Hörregion Hannover ist seit 2016 ein langjähriges Projekt der Region Hannover; ihr Förderungszeitraum ist jüngst bis Ende 2028 verlängert worden. Innerhalb der Bildungskomponente der Hörregion Hannover war auch das Vorgängerprojekt von TÖNE, Hör mal hin! platziert. In diesem Projekt wurden Materialien für die Primar- und Sekundarstufe zur Akustik entwickelt (s. a. Schomaker & Friege, 2021), auf die Aktivitätsbereich A von TÖNE teilweise zurückgreift, Fortbildungen für Primarstufenlehrkräfte angeboten und öffentliche Akustikevents durchgeführt (Abb. 7.3) (IDMP, 2023).

### 7.3.1 Beispiele für außerschulische Angebote des MINT-Clusters TÖNE

Im Folgenden werden konkrete Beispiele für die Aktivitätsbereiche A bis D vorgestellt. Der Schwerpunkt liegt dabei auf den Exponaten der Wanderausstellung.

*Aktivitätsbereich A: Wanderausstellung*
Die Exponate der Wanderausstellung wurden so aufbereitet, dass sie in öffentlichen Veranstaltungen eingesetzt werden können, d. h., sie sind transportabel und relativ robust. Es wurde ein Katalog zur Wanderausstellung entwickelt, in dem alle Exponate so beschrieben sind (Material, Durchführung, fachlicher Hintergrund), dass eine Betreuung der Exponate auch von Physiklaien möglich ist. Zudem sind viele

# 7 MINT-Cluster TÖNE – Außerschulische Akustikangebote für Jugendliche

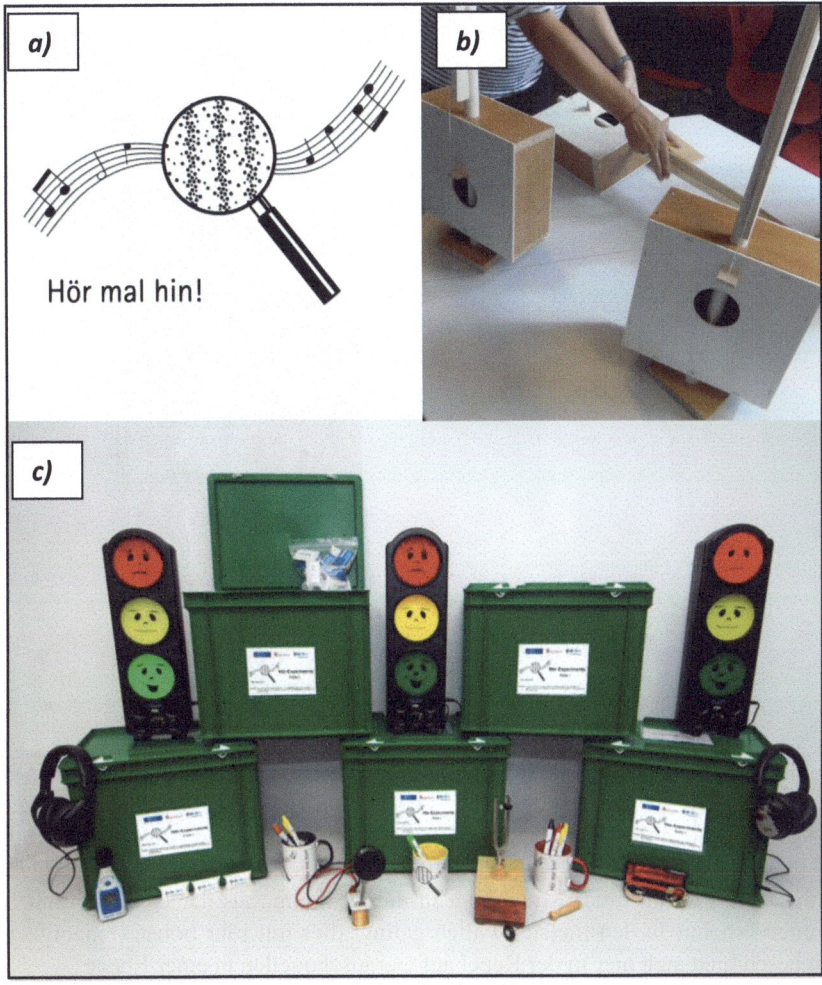

**Abb. 7.3** **a** Logo des Projekts „Hör mal hin!". **b** Konstruktion eines Monochords durch Primarstufenlehrkräfte. **c** Ausleihbare Materialiensammlung des Projekts „Hör mal hin!"

der Exponate auch ohne Betreuung nutzbar, beispielsweise eine Reihe von *interaktiven*, digitalen Exponaten (z. B. selbstentwickelte Hörtests).

### Beispiel 1: Exponat „Monsterohren"

Ein Exponat mit sehr großer Beliebtheit bei Jung und Alt sind die Monsterohren. Sie wurden bereits im Projekt Hör mal hin! (s. o.; IDMP, 2023) entwickelt und intensiv erprobt. Ein Publikum ist erfahrungsgemäß zunächst angezogen von zwei großen Trichtern und einem Kopfhörer in einer flauschigen Monsterfellverkleidung; fast alle wollen dieses Exponat selbst ausprobieren. Im Kern geht es hier um die Fähigkeit des Richtungshörens des Menschen. Der Versuch wird ähnlich wie der

**Abb. 7.4** Freiwilliger bei der Erprobung der Monsterohren. (Foto: L. Kasper)

klassische Versuch durchgeführt: Eine Person mit verbundenen Augen ist umringt von Personen mit z. B. Stimmgabeln, die in zufälliger Reihenfolge angeschlagen werden. Die Person in der Mitte zeigt in die Richtung, aus der das Geräusch zu kommen scheint. In den meisten Fällen gelingt dies mit sehr hoher Genauigkeit. Man beschränkt sich hier in der Regel auf Geräuschquellen in einer Ebene.

Der Freiwillige des Versuchs in Abb. 7.4 hat die Monsterohren bereits aufgesetzt und orientiert sich. Es fehlt noch die Schlafbrille, damit er im Folgenden nur akustisch und nicht optisch die Geräuschquellen ortet. Es fällt nicht dem Freiwilligen, sondern dem Publikum auf, dass die Geräuschquellen niemals richtig geortet werden. Nach einigen Versuchen erkennen viele im Publikum aber ein Muster: Der Freiwillige zeigt stets in die falsche Richtung (z. B. nach links, statt nach rechts mit hoher Winkelgenauigkeit).

Das Rätsel wird aufgelöst bzw. wird manchmal auch vom Publikum schon vermutet: Von den Trichtern führen, gut verdeckt durch das Monsterfell, Schläuche über Kreuz zu den Kopfhörerschalen, d. h., Schall der im linken Trichter eintrifft, wird auf das rechte Ohr geleitet und umgekehrt. Der Freiwillige hört also sehr gut – wird aber in die Irre geführt.

Je nach Publikum und Veranstaltung wird auf die Bedeutung der zwei menschlichen Ohren beim Richtungshören und eine einfache Erklärung über Laufzeitdifferenzen eingegangen; in selteneren Fällen gibt es Nachfragen zu weiteren Erklärungen zum Richtungshören.

***Beispiel 2: Modellexperiment zum induktiven Hören***
In großen Hallen wie in Kirchen oder Bahnhöfen fällt es Menschen mit Hörbeeinträchtigungen oft schwer – trotz Hörgerät – das gewünschte Schallereignis (Predigt oder Durchsage) vor dem laut tönenden Hintergrund an Störschallereignissen (Stimmen, Maschinengeräusche etc.) deutlich wahrzunehmen. Das Hörgerät verstärkt gewünschten wie unerwünschten Schall. Eine Anlage zum induktiven Hören kann hier helfen; in vielen öffentlichen Gebäuden sind derartige Anlagen verbaut.

Abb. 7.5a zeigt den prinzipiellen Aufbau einer Anlage zum induktiven Hören und Abb. 7.5b einen Blockplan zur Funktionsweise. Ein Musikstück oder Sprache wird über ein Mikrofon in ein elektrisches Signal umgewandelt und verstärkt, sodass in einem im Raum verlegten Kabel (der Induktionsschleife) ein elektrischer Strom fließt. Dieser Strom ist aufgrund des Signals zeitveränderlich und sorgt für ein zeitveränderliches Magnetfeld im Raum um das Kabel. Dieses Magnetfeld induziert in einer geeignet ausgerichteten Spule eine zeitlich veränderliche Induktionsspannung, mit der zum Beispiel ein Lautsprecher betrieben werden kann. Der Lautsprecher gibt, relativ gut, aber zumindest wiedererkennbar, die Originalschallereignisse wieder. Eine ausführlichere Beschreibung findet sich in Friege et al. (2023c).

In der Praxis wird ein Hörgerät so eingestellt, dass von außen auf das Ohr treffende Schallsignale nicht mehr verstärkt werden, sondern nur die in der im Hörgerät verbauten Spule induzierten Spannungssignale. Bei der Vorführung des Exponats wird das Originalsignal – anders als in Kirchen oder Bahnhöfen – nicht laut abgespielt, sondern das Smartphone oder der MP3-Player direkt mit dem Verstärker verbunden. Umso überraschender ist es für das Publikum, wenn man mit einer Empfängereinheit plötzlich im Raum etwas hören kann. Mit einfachen Mitteln aus einer Physiksammlung lässt sich ein Modellexperiment zum induktiven Hören leicht nachbauen; konkrete Konstruktionshinweise finden sich in Friege et al. (2023c). Die Empfängereinheit kann ganz unterschiedlich aussehen: Ein Hörgerät in der T-Einstellung[2] sorgt für eine deutliche Verstärkung, aber auch mit selbst

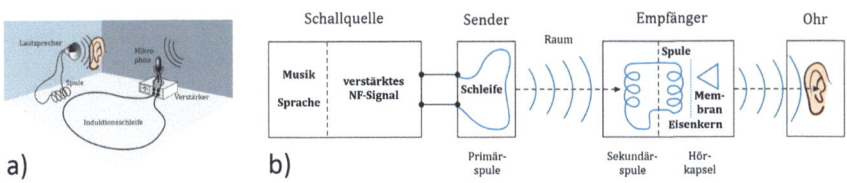

**Abb. 7.5** **a** Schematischer Aufbau zum induktiven Hören. **b** Blockplan einer Induktionsanlage mit Spule und Hörkapsel als Empfängereinheit

---

[2] In der T-Einstellung eines Hörgeräts werden die verbaute Telefonspule (oder auch Induktionsspule) und das Signal einer Induktionsanlage genutzt und nicht die Verstärkung der Schallsignale, die das Ohr erreichen.

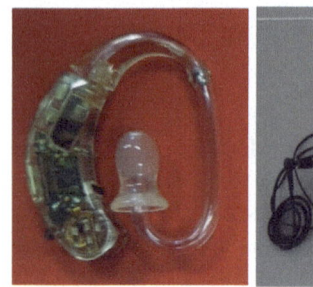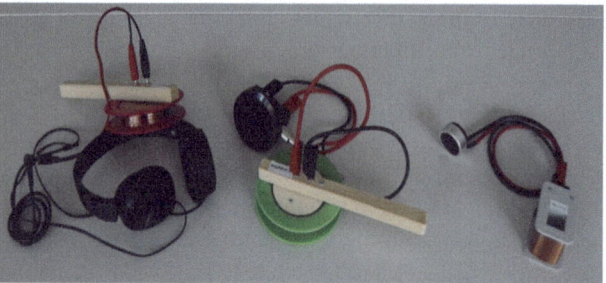

**Abb. 7.6** **a** Kommerzielles Hörgerät. **b** Selbst gebaute Empfangsgeräte: selbst gewickelte Spule mit Kopfhörer, selbst gewickelte Spule mit Lautsprecher, Hörkapsel mit kommerzieller Spule

**Abb. 7.7** Beispiele für mögliche Lebensmittel aus dem Exponat „Geräuschverkostung"

gewickelten oder kommerziellen Spulen und angeschlossenen Kopfhörern, Lautsprechern oder günstigen Hörkapseln lassen sich deutliche Signale wie Songs wahrnehmen (Abb. 7.6).

*Beispiel 3: Geräuschverkostung*
Jeder Mensch kennt das besondere Geräusch beim Essen von Kartoffelchips, aber auch bei anderen Lebensmitteln entstehen charakteristische Geräusche beim Essen. Abb. 7.7 zeigt eine Auswahl der zehn Lebensmittel, die anhand von Audiofiles erkannt werden sollten. Diese Zuordnungsaufgabe ist schwieriger, als man zunächst anhand der Fotos vermutet, da zum Geräusch – anders als im Alltag – der optische Eindruck fehlt.

**Tab. 7.3** Exponate zum Ausprobieren im Workshop nach dem interaktiven Vortrag

| Exponat | Beschreibung |
|---|---|
| Nr. 1 | „Monsterohren" als eines von mehreren Exponaten zum Thema Richtungshören |
| Nr. 2 | Modellexperiment zum induktiven Hören |
| Nr. 3 | Geräuschverkostung – Exponat mit unterschiedlichen Varianten (Geräuscherzeugern) |
| Nr. 4 | Schallplatte und einfache Tonabnahme als eines von mehreren Exponaten zum Thema Schallerzeugung; anderes Beispiel: die Laser-Zither |
| Nr. 5 | Hörschädigungen – Wie hört sich ein Geräusch im Original und im Fall bestimmter Hörschädigungen an? |
| Nr. 6 | Abhörtechnik – Finde heraus, ob und welcher Text in welchem Raum des Modellhauses vorgelesen wird. |

Das Exponat wird in verschiedenen Varianten durchgeführt. Manchmal gehört zum Lebensmittel auch das Aufreißen bzw. Öffnen der Verpackung dazu. In Partnerarbeit testen Jugendliche hier gegenseitig ihre Hörfähigkeiten: Ein Jugendlicher hört bei verbundenen Augen, der andere wählt aus und erzeugt Essensgeräusche.

Das Exponat gehört zu einer Reihe von Exponaten, die sich mit Geräuscherzeugung und Geräuschvermeidung beschäftigen. In Friege (2023d) finden sich neben der beschriebenen Geräuschverkostung weitere kleine Akustikaufgaben zu den Themen „Sound-Design im Alltag", „Störende Geräusche reduzieren" oder „Geräusche genau beschreiben".

Im Workshop nach dem interaktiven Vortrag konnten die beschriebenen Beispiele 1 und 2 und noch weitere Exponate praktisch erprobt werden. In Tab. 7.3 findet sich eine Übersicht und Kurzbeschreibung dieser Exponate im Workshop.

Die in diesem Aktivitätsbereich entwickelten Exponate wurden bereits 2023 auf größeren Events eingesetzt. Dabei wurde in der Regel eine Auswahl aus den verfügbaren Exponaten eingesetzt.

Insgesamt konnten allein zwischen Februar und November 2023 über 3350 Besucher und Besucherinnen erreicht werden. Als Besucher und Besucherinnen wurden nur Personen gezählt, die mit den Exponaten oder dem TÖNE-Team nennenswert interagiert haben. An einigen Events wie der HörFidelity oder dem Entdeckertag nahmen sehr viel mehr Personen teil und hatten die Auswahl unter einer sehr großen Anzahl an Angeboten. Überwiegend waren die Nutzer der Exponate Jugendliche und junge Erwachsene, aber insgesamt wurden Personen aus einer beachtlichen Altersspanne von ca. 5 bis 85 Jahren erreicht.

**Aktivitätsbereich B: Hörwettbewerbe**

Mit den Hörwettbewerben sollen Jugendliche erreicht werden, die erstens kompetitiv orientiert sind und sich zweitens in der Tiefe mit einem akustischen Thema beschäftigen wollen.

**Hörwettbewerb Nr. 1 – „Akustische Geheimbotschaften entschlüsseln"**

Im ersten Hörwettbewerb des Clusters TÖNE sollten Jugendliche in einem Audiofile eine versteckte Botschaft entschlüsseln. Dazu konnte von der Projekthomepage ein Audiofile mit einer verschlüsselten Audiospur heruntergeladen werden. Zudem

**Abb. 7.8** Auszug aus dem Werbeflyer des Clusters TÖNE für den Hörwettbewerb Nr. 1 im Jahr 2023

gab es technische Hilfen wie Hinweise auf frei verfügbare Audio-Apps. Abb. 7.8 zeigt den Werbeflyer zu diesem Wettbewerb, der im Zeitraum 1. bis 22. November 2023 lief.

Die Verschlüsselung eines Audiofiles gelingt bereits mit einfachen Mitteln. Bereits das Rückwärtsabspielen einer Audiospur führt zu einer deutlichen Verzerrung. Für die Entschlüsselung braucht es Ideen und in der Regel technische Hilfsmittel wie die frei verfügbare Software Audacity oder einen vollparametrischen Equalizer.

### Hörwettbewerb Nr. 2 – „Akustischer Adventskalender"

Der zweite Hörwettbewerb war ein akustischer Adventskalender. Im Zeitraum 1. bis 24. Dezember 2023 wurde täglich ein neues Geräusch auf der Projekthomepage (TÖNE, 2024) veröffentlicht, welches erkannt werden musste; insgesamt also 24 Akustikrätsel.

Dabei handelt es sich um typische Geräusche der Region Hannover, die aber unterschiedlich schwierig zu erkennen waren. So waren Stadiongeräusche des Fußballvereins Hannover 96 sehr einfach zu erkennen und ebenso Geräusche aus dem Hannoveraner Zoo. Bei schwierigen Geräuschen und auch damit in einigen Fällen die Zuordnung eindeutiger wurde (Rudergeräusche, Pferdetrabgeräusche) wurden zusätzlich zur Audiospur noch Hinweise gegeben.

### Aktivitätsbereich C: Citizen-Science-Projekte

Über die Projektlaufzeit von TÖNE sind in diesem Bereich Citizen-Science-Projekte (Bonn et al., 2021) geplant. Daran soll sich die primäre Zielgruppe „Jugendliche der Region Hannover" beteiligen; die Projekte stehen aber auch insgesamt Bürger und Bürgerinnen offen. Aktuell wird bereits parallel an zwei Citizen-Science-Projekten gearbeitet.

Nach Vorversuchen mit ca. 20 Personen, die über einen längeren Zeitraum Schalldruckpegelmessungen durchgeführt haben, soll es 2025 im ersten Citizen-Science-Projekt um eine Lärmkartierung der Region Hannover gehen. Im Hintergrund steht die ältere und veraltete Schlagzeile „Hannover ist die lauteste Stadt Deutschlands"; die zudem methodisch extrem schwach abgesichert ist. Das Citizen-Science-Projekt will hier wissenschaftlich fundierter die Lärmbelastung erfassen und dies nicht nur im Stadtgebiet, sondern in der gesamten Region Hannover. Dazu sollen verleihbare Schalldruckpegelmessgeräte und geeignete Smartphone-Apps zum Einsatz kommen.

In der zweiten Idee für ein Citizen-Science Projekt geht es um Hörbeeinträchtigungen und -hilfen. Es soll 2025 zusammen mit der Gesundheitswirtschaft Hannovers vorangetrieben werden.

**Aktivitätsbereich D: Workshops zu Berufsfelderkundungen in der Akustik**
Federführend und verantwortlich für Aktivitäten in diesem Bereich D ist das Tonstudio Tessmar. Genutzt werden kann dabei ein großes, modernes Tonstudio, in dem von Studioaufnahmen weniger Musiker bis hin zu Orchesteraufnahmen mit Publikum alles realisiert werden kann.

Im Rahmen des regionalen Clusters TÖNE wurden im Jahr 2023 folgende, zum Teil mehrtägige, Workshops durchgeführt:

a) Songwriting-and-Producing-Workshop „Apps, Beats & Barock" im Rahmen der Hannoveraner Akademie der Spiele mit den Integrierten Gesamtschulen Roderbruch und Mühlenberg
b) Drei Workshops im Rahmen der FerienCard Hannover:
   A) Hörspielproduktion: Entdecke die spannende Welt der Sprecher
   B) Producing and Songwriting: Der Weg zum Hit
   C) Filmvertonung: Werde zum Foley-Artist!

## 7.4 Schlussbemerkungen und Schlussaktivität

Wie zum Ende des interaktiven Vortrags soll nun die eingangs gestellte Frage

> Warum ist eigentlich ein MINT-Cluster zur Akustik (ausgerechnet) in Hannover?

aufgelöst werden. Über Hannover hat fast jeder eine Meinung oder schon etwas gehört. Die Aussagen variieren sehr stark; viele sind eher nüchtern, einige wenig charmant. Oft genannt wird der große, zentrale Bahnhof, die (Unfälle auf der) A2 nahe Hannover oder die Beziehungen Hannovers zum englischen Königshaus. Hannover und Akustik wird hingegen selten zusammengebracht und so war es auch nicht verwunderlich, dass das Publikum hier nur wenige Ideen lieferte. Daher hier – beispielhaft in Tab. 7.4 – acht Themen, die Hannover und Akustik miteinander verbinden:

**Tab. 7.4** Acht Beispiele für einen Bezug der Stadt Hannover zur Akustik

| 1 | Hannover ist UNESCO City of Music | 5 | Die Hannoveraner Band Scorpions |
|---|---|---|---|
| 2 | Die Medizinische Hochschule Hannover (MHH) ist u. a. bekannt für das Deutsche Zentrum für Hörhilfen Hannover (Cochlea-Implantate) | 6 | Die Hannoveraner Band Fury in the Slaughterhouse |
| 3 | Akustikforschung an der Leibniz Universität Hannover: Ingenieure, Physiker; z. B. „Gravitationswellen hören" | 7 | Der Hannoveraner Karl Theodor Lessing und sein Kampf gegen den Lärm in der Großstadt |
| 4 | Firmen für Hörgeräte wie z. B. die Firma KIND | 8 | Die Firma Sennheiser, u. a. bekannt für Kopfhörer |

Neben diesen bis auf Nr. 7 noch recht aktuellen Beispielen gibt es auch historische Beispiele: Hannover war beispielsweise über viele Jahrzehnte führend in der Tonträgertechnik. Dem gebürtigen Hannoveraner Emil Berliner wird die Erfindung des Grammophons und der Schallplatte zugeschrieben. Zudem gründete er die Deutsche Grammophon Gesellschaft. Bereits 1904 stellte sein Werk in Hannover 25.000 Schallplatten pro Tag her. Die 1964 weltweit erste Massenproduktion von unbespielten Compact Cassetten, kurz Kassetten, fand ebenfalls in Hannover statt. 1982 gab es einen dritten Technologiesprung. Die Compact Disc, kurz CD, sollte sich zu einer Konkurrenz zu Schallplatte und Kassette entwickeln. 1982 lief die erste Serienproduktion in Hannover-Langenhagen an.

Damit war der Einblick in den regionalen MINT-Cluster TÖNE fast zu Ende. In einer letzten gemeinsamen Aktivität mit dem gesamten Publikum wurden BoomWhackers (Plastikrohre unterschiedlicher Länge und Farbe, denen ein bestimmter Ton zugeordnet wird, wenn man sie kräftig in die Handinnenfläche oder auf den Oberschenkel schlägt) verteilt und ein Musikstück gespielt; Musikalität ist hierbei weniger nötig als Timing, da man lediglich auf einem Bildschirm das Aufleuchten der Farbe seines BoomWhackers beobachten und diesen unmittelbar anschlagen muss.

Der regionale MINT-Cluster TÖNE läuft noch weiter; aktuelle Aktivitäten findet man auf der TÖNE-Homepage (www.projekt-toene.de). Ein weiterer Wettbewerb wurde jüngst abgeschlossen. Auch neue und optimierte Exponate sind in der Pipeline. Und wie soll es heute anders sein? Auch interaktive Exponate zum Thema Künstliche Intelligenz und Musik sind zukünftig vorgesehen.

## Abbildungsverzeichnis und Rechte

7.1 Bundesministerium für Bildung und Forschung, 7.2 Projekt TÖNE, 7.3 a) Projekt Hör mal hin! b) Projekt Hör mal hin! / G. Friege, c) Projekt Hör mal hin! / L. Dieckhoff, 7.4 L. Kasper, 7.5 a) und b) D. Brockmann-Behnsen, 7.6 a) G. Friege, b) G. Friege, 7.7 Projekt Töne / S. Veith, 7.8 Collage von Projekt Töne / S. Veith mit Teilbild (Person) von Fortis Design-Adobe.Stock.com.

**Danksagung** Dem Bundesministerium für Bildung und Forschung gilt der Dank für die Förderung des regionalen MINT-Clusters TÖNE unter dem Förderkennzeichen 16MCJ2006A. Die hier vorgestellten Inhalte beruhen insbesondere auf einer langjährigen Zusammenarbeit mit Claudia Schomaker (Leibniz Universität Hannover), mit der neben TÖNE u. a. das Vorgängerprojekt Hör mal hin! durchgeführt wurde. Mitgewirkt hat an den Aktivitäten eine Vielzahl von Menschen. Darunter die TÖNE-Projektpartner Tonstudio Tessmar und Region Hannover, aber auch eine Reihe von Bachelor- und Masterkandidaten, die ihre Abschlussarbeiten über akustische Themen in der AG Physikdidaktik an der Leibniz Universität Hannover geschrieben haben, und eine Vielzahl von Hilfskräften, die bei der Entwicklung und auch der Vorführung von Exponaten mitgeholfen haben.

## Literatur

BMBF (2024). Regionale MINT-Cluster. https://www.bildung-forschung.digital/digitalezukunft/de/bildung/mint/mint-cluster/vorstellung-die-mint-cluster/vorstellung-die-mint-cluster.html. Zugegriffen am 07.05.2025.

Bonn, A., Brink, W., Hecker, S., Herrmann, T. M., Liedtke, C., Premke-Kraus, M., Voigt-Heucke, S., von Gönner, J., Altmann, C. S., Bauhus, W., Bengtsson, L., Büermann, A., Brandt, M., Bruckermann, T., et al. (2021). *Weißbuch Citizen-Science-Strategie 2030 für Deutschland*. Helmholtz-Gemeinschaft, Leibniz-Gemeinschaft, Universitäten und außerschulische Einrichtungen, Berlin. https://www.leibniz-gemeinschaft.de/fileadmin/user_upload/Bilder_und_Downloads/Forschung/Weissbuch_Citizen_Science_Strategie_2030.pdf. Zugegriffen am 07.05.2025.

Friege, G. (Hrsg.). (2023b). Akustik. Materialien- und Methodenheft. Naturwissenschaften im Unterricht Physik. Nr. 193.

Friege, G. (2023d). Geräuschdesign – Vom Kartoffelchip zur Autotür – Unterrichtsideen zu einem alltagsnahen Anwendungsfeld der Akustik. *Naturwissenschaften im Unterricht Physik, 193*, 38–41.

Friege, G., Schomaker, C., & Veith, S. (2023a). Akustik – weit mehr als Lärm und Musik – methodisch variantenreicher Unterricht zu den Themen aus Natur, Gesellschaft und Technik. *Naturwissenschaften im Unterricht Physik, 193*, 2–7.

Friege, G., Stütz, E., Strehlau, J., Janssen, S., Schomaker, C., & Dieckhoff, L. (2023c). „Das ist Magie!" – Ein Low-cost-Modellexperiment zum induktiven Hören als Beitrag zu einem Public Understanding of Science. *Naturwissenschaften im Unterricht Physik, 193*, 28–31.

Hörregion Hannover. (2023). https://www.hannover.de/Leben-in-der-Region-Hannover/Verwaltungen-Kommunen/Die-Verwaltung-der-Region-Hannover/Die-H%C3%B6rregion-Hannover. Zugegriffen am 07.05.2025.

IDMP. (2023). Projekt Hör mal hin!. https://www.idmp.uni-hannover.de/de/forschung/ag-physikdidaktik-prof-dr-g-friege/forschungsprojekte/abgeschlossene-projekte/hoer-mal-hin/. Zugegriffen am 07.05.2025.

Schomaker, C., & Friege, G. (2021). Hörst du gut? Zur Entstehung von Hörschädigungen und zum Umgang mit Hörbeeinträchtigungen. *Grundschule Sachunterricht, 91*, 22–27.

TÖNE-Projekt. (2024). Projekthomepage. https://projekt-toene.de. Zugegriffen am 07.05.2025.

# Physik in Musikinstrumenten

## Leopold Mathelitsch und Ivo Verovnik

## 8.1 Grundlagen

In der Physik wird klar zwischen Tönen, Klängen und Geräuschen unterschieden. Dies ist in Abb. 8.1 veranschaulicht und zwar in drei verschiedenen Darstellungen: in Wellenform, als Frequenzspektrum und durch ein Sonagramm. Der gleichzeitige Einsatz dieser Darstellungsformen kann auch didaktisch genutzt werden: Die drei Größen Zeit, Frequenz und Intensität sind unterschiedlich aufgetragen und ein Vergleich anhand mehrerer Beispiele fördert sowohl das Verständnis von Zusammenhängen als auch von unterschiedlichen grafischen Aufbereitungen.

Ein *Ton* ist charakterisiert durch eine reine Sinusschwingung, veränderliche Parameter sind nur Frequenz (Tonhöhe) und Intensität (Lautstärke).

Ein *Klang* beruht auf einer periodischen Schwingung. Der Satz von Fourier besagt, dass eine solche Wellenform durch eine Summe von einem Grundton und von Obertönen gegeben ist, wobei die Frequenzen der Obertöne ganzzahlige Vielfache der Frequenz des Grundtons sind. Die Frequenzanalyse (Abb. 8.1b) zeigt die Intensitäten der einzelnen Teiltöne. Im Sonagramm (Abb. 8.1c) ist der zeitliche Ablauf dargestellt, wobei die Stärke des jeweiligen Obertons durch entsprechend intensive Grau- (Abb. 8.2) oder Farbfärbung (Abb. 8.3) angezeigt ist.

In einem *Geräusch* sind sämtliche Frequenzen mehr oder weniger stark vertreten, einem Geräusch kann keine Tonhöhe zugeordnet werden.

Im Folgenden möchten wir besprechen, wie sich Ton, Klang und Geräusch in den verschiedenen Musikinstrumenten manifestieren.

---

L. Mathelitsch (✉)
Institut für Physik, Karl-Franzens-Universität Graz, Graz, Österreich
E-Mail: leopold.mathelitsch@uni-graz.at

I. Verovnik
Pädagogische Fakultät, Universität Maribor, Maribor, Slowenien
E-Mail: iverovnik@siol.net

© Der/die Autor(en), exklusiv lizenziert an Springer-Verlag GmbH, DE, ein Teil von Springer Nature 2025
L. Kasper, J. Winkelmann (Hrsg.), *Schwingungen und Wellen in Alltagskontexten*,
https://doi.org/10.1007/978-3-662-70949-8_8

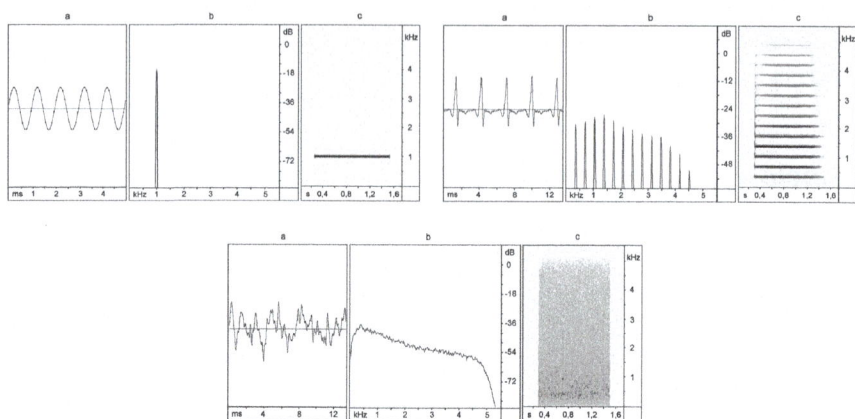

**Abb. 8.1** Ton, Klang, Geräusch in Wellenform (**a**), Frequenzanalyse (**b**), Sonagramm (**c**). (Aus Mathelitsch & Verovnik, 2004)

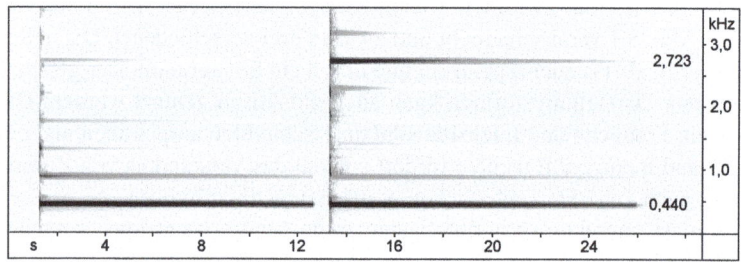

**Abb. 8.2** Sonagramm einer auf den Kammerton A gestimmten Stimmgabel. Links wurde die Gabel mit einem Gummihammer angeschlagen, rechts mit einem Metallhammer. (Aus Mathelitsch & Verovnik, 2004)

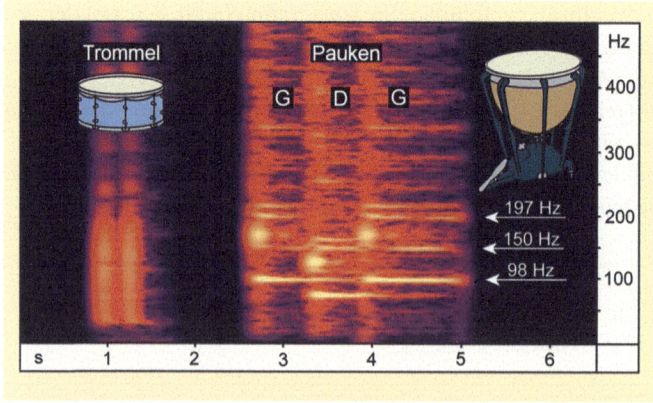

**Abb. 8.3** Sonagramme einer Trommel und zweier Pauken. (Aus Mathelitsch & Verovnik, 2014a)

## 8.1.1 Ton

Bezüglich eines reinen Tons, einer Sinusschwingung, sieht die Ausbeute an Musikinstrumenten eher mager aus: Lediglich das Instrument mit den höchsten Tönen kommt einer reinen Schwingung relativ nahe – eine Piccoloflöte. Es gibt allerdings ein Gerät, kein Instrument, mit einem sinusähnlichen Ton, das für ein Orchester jedoch ebenso wichtig ist – eine Stimmgabel.

Musikerinnen und Musiker verwenden Stimmgabeln sehr häufig, z. B. zum Adjustieren der Tonhöhe ihrer Instrumente bzw. zur Vorgabe eines Tons bei Chören. Stimmgabeln sind billig, tragbar und frequenzmäßig sehr stabil.

Die Frequenzen der Schwingungsmoden einer Stimmgabel mit zwei Zinken berechnen sich aus den Gegebenheiten einseitig eingespannter, rechteckiger Balken (Rossing et al., 1992):

$$f_n = \frac{\pi d}{8\sqrt{12}L^2} \sqrt{\frac{E}{\rho}} n^2. \tag{8.1}$$

Dabei ist $d$ die Dicke des Zinkens, $L$ seine Länge, $E$ der Elastizitätsmodul und $\rho$ die Dichte des Zinkenmaterials.

In Abb. 8.2 (links) erkennt man einen sehr starken Grundton bei 440 Hz, also annähernd eine reine Sinusschwingung. Der Wert $n$ in der Formel für die Frequenz nimmt folgende Werte an: $n = 1{,}194;\ 2{,}988;\ 5;\ 7;\ \ldots$ Die Frequenz des ersten Obertons ist damit etwa sechsmal höher als die des Grundtons, wie im rechten Diagramm von Abb. 8.2 ersichtlich ist. Im linken Diagramm wurde die Stimmgabel mit einem Gummihammer angeschlagen, im rechten mit einem Stahlhammer. Ein solcher erzeugt einen sehr kurzen Puls und weist damit weitaus stärkere Komponenten bei höheren Frequenzen auf als eine länger andauernde Anregung.

## 8.1.2 Geräusch

Haben wir für einen reinen Ton kaum ein Musikinstrument gefunden, so geht es uns mit dem reinen Rauschen ähnlich. Eigentlich entspricht dem nur ein Instrument, nämlich die Trommel (Abb. 8.3, links). Selbst ihre nahe Verwandte, die Pauke, erzeugt bereits einen Klang – Pauken sind auf bestimmte Tonhöhen gestimmt. Die Tonhöhe einer Pauke ergibt sich aus Abmessung und Spannung der Membran, die Anregungsmoden entsprechen den Chladnischen Klangfiguren. Die Größe der Pauke ist überraschenderweise nicht für die Tonhöhe ausschlaggebend.

Es stellt sich die Frage, warum die Eigenschaften der Membran bei der Trommel nicht zum Tragen kommen. Erstens wird die Trommel in der Mitte angeschlagen. Damit wird die Hauptresonanz angeregt (Mathelitsch & Verovnik, 2014a), die Trommel ist auch das lauteste Instrument eines Orchesters. Die damit verbundene Energie wird jedoch rasch verbraucht und die höheren Resonanzen verbleiben. Und zweitens besitzt eine Trommel zwei Fellseiten, eine Schlag- und eine Resonanzmembran. Die beiden Trommelfelle können unterschiedliche Spannungen und

**Abb. 8.4** Sonagramme von Klängen eines Klaviers, einer Trompete und einer Flöte. (Aus Mathelitsch & Verovnik, 2022)

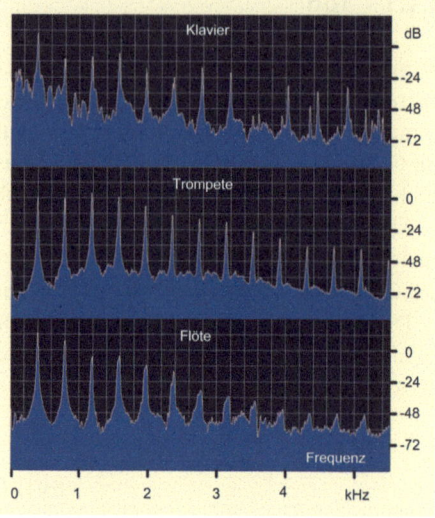

damit verschiedene Frequenzen bei gleichen Ausmaßen aufweisen. Die beiden Membranen sind durch die eingeschlossene Luft und den Trommelkörper verbunden. Diese Kopplung bewirkt eine Verschmierung der Frequenzen. Dieser Effekt wird bei kleinen Trommeln durch sogenannte Schnarrsaiten verstärkt. Metallspiralen an der Resonanzseite werden durch die Schwingungen des Resonanzfells in Bewegung versetzt und beeinflussen die Bewegung der Membran.

Wenn es auch kaum Instrumente gibt, die nur rauschen, so ist Rauschen ein wichtiger Bestandteil jedes Instrumentenklangs. Er ist zum Teil auch charakteristisch. In Abb. 8.4 erkennt man dies an drei Beispielen. Bei einem Klavier ist der Rauschanteil, das ist der blaue Untergrund unter den Teiltönen, bei niederen Frequenzen höher, bei einer Trompete ergibt sich ein Maximum zwischen 1000 und 2000 Hz, bei einer Flöte ist das Rauschen gleichmäßig über alle Frequenzen verteilt.

## 8.1.3 Klang

Bei der Besprechung der Klänge möchten wir eine Dreiteilung vornehmen aufgrund der unterschiedlichen schwingenden Systeme: Luftsäulen, Saiten oder schwingende Massen.

**Schwingende Luftsäulen**

Die stehenden Wellen, und damit Grund- und Obertöne, hängen davon ab, ob ein Zylinder beidseitig offen oder einseitig geschlossen ist (Abb. 8.5), auch eine konische Form beeinflusst das Resonanzverhalten.

Für Fall Abb. 8.5a ergeben sich die Frequenzen der Teiltöne zu $f_n = n \cdot \dfrac{c}{2L}$, für Fall Abb. 8.5b zu $f_n = (2n-1) \cdot \dfrac{c}{4L}$. Dabei ist $c$ die Schallgeschwindigkeit in Luft und $L$ die Länge der schwingenden Säule.

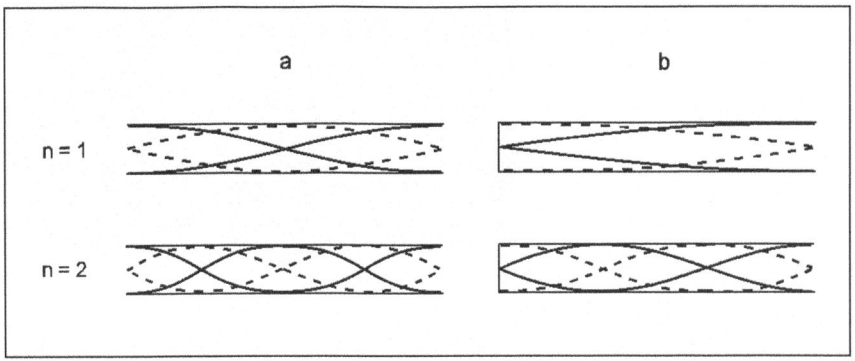

**Abb. 8.5** Stehende Wellen in einer beidseitig offenen (**a**), einseitig geschlossenen (**b**) Röhre. Die durchgezogenen Linien geben die Teilchenbewegungen wieder, die gestrichelten die Druckverhältnisse. (Aus Mathelitsch & Verovnik, 2004)

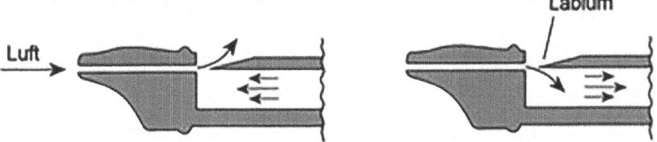

**Abb. 8.6** Steuerung des ankommenden Luftstroms durch die stehende Welle. (Aus Mathelitsch & Verovnik, 2004)

Im Gegensatz zu vielen anderen Instrumenten gelingt es bei einer Blockflöte sehr einfach, einen reinen, stabilen Klang zu erzielen. Wodurch wird dies bewirkt? Eine Flöte entspricht Abb. 8.5a, sie ist beidseitig offen. Damit die stehende Welle jedoch zeitlich konstant bleibt, besteht eine Rückkopplung zur Energiezufuhr: Strömt Luft gegen die Mundöffnung, wird der ankommende Strahl nach außen abgelenkt, fließt die Luft weg, so wird sie in die Flöte eingesogen (Abb. 8.6). Die stehende Welle holt sich also im richtigen Takt die Energie aus der anströmenden Luft.

Eine Klarinette und eine Trompete sind aufgrund der engen Mundöffnung einseitig geschlossene Röhren (Abb. 8.5b). Damit sind Grundton und Obertöne laut der obigen Formel in einem Verhältnis von 1: 3 : 5 : ... zueinander. Der erste Oberton ist nicht eine Oktave (Faktor 2) des Grundtons, sondern eine Duodezim (Oktave + Quinte). Dies trifft für eine Klarinette auch zu, nicht jedoch für eine Trompete. Dafür gibt es mehrere Gründe.

Einerseits hat eine Trompete eine konische Form (Egry, 2023), andererseits hebt der Schalltrichter die Frequenz der tiefen Töne an, das Mundstück senkt die der hohen Töne etwas (Mathelitsch & Verovnik, 2014b). Und darum gelangt man letztlich von einem Verhältnis 1 : 3 : 5: ... zu einem von 2 : 3 : 4: ... , also einem harmonischen. Lediglich der Grundton fehlt, er wird Pedalton genannt und ist nur schwer anspielbar.

**Abb. 8.7** Sonagramm eines Geigentons, links mit einem Bogen angeregt, rechts gezupft. (Aus Mathelitsch & Verovnik, 2004)

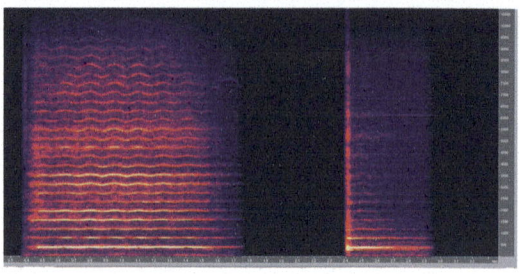

## Schwingende Saiten

Es ergibt einen großen Unterschied, wie die Saite eines Instruments angeregt wird: durch Zupfen oder durch Streichen mit einem Bogen (Abb. 8.7).

Wird die Saite gezupft, pizzicato gespielt, wird nur der Grundton stark angeregt (Abb. 8.7, rechts), der Klang ist leise. Wenn man die Saite mit einem Bogen streicht (Abb. 8.7, links), ergibt sich ein lauterer Klang mit vielen Obertönen. Ein Grund liegt darin, dass beim Zupfen einmalig Energie zugeführt wird, beim Streichen erfolgt dies laufend über einen längeren Zeitraum. Ein zweiter Grund besteht in der Art der Auslenkung der Saite: Durch Zupfen wird die Saite eher dreiecksförmig ausgelenkt, bei reiner Dreiecksschwingung wird nur jeder zweite Oberton angeregt, die Intensität der Obertöne nimmt quadratisch ab:

$$sin(\omega t) + \frac{1}{9} sin(3\omega t) + \frac{1}{25} sin(5\omega t) + \ldots \tag{8.2}$$

Ein Bogen nimmt die Saite eine kleine Strecke mit, dann reißt die Verbindung, die Saite schnellt zurück, wird wiederum mit der Bogenbewegung mitgenommen usw. Damit dies sehr effektiv geschieht, werden die Rosshaare des Bogens mit Kolofonium eingerieben. Kolofonium ist ein Harz mit der Eigenschaft, dass es einen hohen Haftreibungskoeffizienten und einen niedrigen Gleitreibungskoeffizienten hat. Beides ist hier gewünscht. Das Resultat ist eine sägezahnartige Schwingung, die Stärke der Obertöne nimmt nur linear ab:

$$sin(\omega t) + \frac{1}{2} sin(2\omega t) + \frac{1}{3} sin(3\omega t) + \ldots \tag{8.3}$$

Manche Schülerinnen und Schüler – wie auch Erwachsene – sind fasziniert von dem Mythos (und dem Preis) alter Geigen. Damit bietet sich eine Diskussion um das Geheimnis einer Stradivari oder Amati an.

Mehrere Erklärungen wurden bislang angeführt, die meisten wurden jedoch widerlegt: Chemiker konnten den Lack analysieren und zeigen, dass ein damals gebräuchlicher Möbellack und keine Spezialtinktur verwendet wurde. Auch das Holz wurde nicht länger gelagert als heute. Dendrochronologen konnten das Alter der verwendeten Fichten ermitteln sowie auch das Jahr des Holzschlags feststellen und mit dem Baujahr, das meist im Korpus angegeben wird, vergleichen. Man hat sogar gefunden, dass manche Geigen gebaut worden sind, bevor der Baum geschlagen wurde. Auch die Verwendung von Holz alter Schiffe entspricht nicht der Wahrheit. Allerdings gab es zur Zeit der alten Geigenbauer eine kleine Eiszeit und das Holz war etwas dichter als heute. Aber dieser Unterschied ist kaum so gravierend, als dass er das Geheimnis bilden könnte.

Die alten Geigen sind sehr genau und mit modernsten Mitteln analysiert worden. Und Geigenbauer haben versucht, möglichst viele der Erkenntnisse in neuen Geigen umzusetzen, und waren darin auch sehr erfolgreich. 2012 haben amerikanische Wissenschaftler eine große Studie durchgeführt (Fritz et al., 2012): 21 sehr erfahrenen Geigern wurden in einem Doppelblindversuch alte und sehr gute neue Geigen zum Testen gegeben. Das Ergebnis war wie folgt:

- Die allgemein bevorzugte Geige war eine moderne.
- Die am wenigsten geschätzte war eine Stradivari.
- Das Alter und der Wert waren nur schwach mit der empfundenen Qualität korreliert.
- Die meisten Spieler konnten nicht angeben, ob ihre bevorzugte Geige eine neue oder eine alte war.

Diese Untersuchung war einerseits ernüchternd bezüglich des Mythos alter Geigen, andererseits zeigte sie die hohe Handwerkskunst von modernen Geigenbauern. Wobei letztlich immer noch das subjektive Empfinden bleibt: Hat eine Geigerin oder ein Geiger wissentlich eine Stradivari in der Hand, spielt er/sie besser als mit einer modernen Geige, und weiß der Zuhörer, dass auf einer Amati gespielt wird, so klingt das schöner.

Eine Harfe ist ein weiteres Saiteninstrument, wobei besonders die Größe und die Form auffallen und imponieren. Die ästhetisch schöne Gestalt ist aber sehr profan das Resultat des Wettkampfs zweier mathematischer Funktionen (Abb. 8.8).

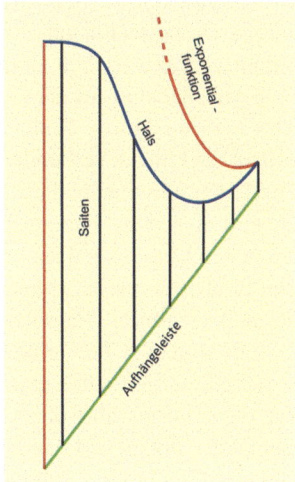

**Abb. 8.8** Form einer Harfe. (Aus Mathelitsch & Verovnik, 2023)

Die Frequenz einer gespannten Saite ist durch folgende Formel gegeben:

$$f \sim \frac{1}{d \cdot L} \cdot \sqrt{F}.$$

Dabei ist $L$ ist die Länge der Saite, $d$ ihr Durchmesser und $F$ die Kraft, mit der die Saite gespannt ist.

Belassen wir fürs Erste die Spannkraft und die Dicke der Saite konstant, dann hängt die Tonhöhe nur von der Saitenlänge ab. Jede Oktave bedeutet eine Veränderung der Frequenz um einen Faktor 2. Fortlaufende Verdoppelung bedeutet aber eine exponentielle Entwicklung, die in Abb. 8.8 rot dargestellt ist. Andererseits sind die Saiten unten an einer Aufhängeleiste befestigt, die linear nach unten abfällt. Für kleine Werte des Arguments steigt eine lineare Funktion stärker an als eine exponentielle, die erst bei größeren Werten des Arguments „explodiert". Damit ist der Hals einer Harfe bei den hohen Tönen vorerst nach unten gebogen, weil die lineare Funktion überwiegt, ehe die Exponentialfunktion übernimmt und der Hals sich nach oben biegt.

Allerdings steigt die Exponentialfunktion so stark, dass bei tieferen Tönen die Saitenlänge weit über das Instrument reichen würde. Die in Abb. 8.8 gezeigte Abflachung des Halses muss also andere Gründe haben. Aus der obigen Gleichung ist ersichtlich, dass tiefere Töne auch durch dickere Saiten oder eine geringere Spannkraft erreicht werden können. Beides führt jedoch zu unreineren Tönen, zu keinen harmonischen Klängen, und wird wenig genutzt. Als Lösung wird bei gleicher Saitendicke und -spannung die Masse der Saiten erhöht, indem sie mit einem Kupferdraht umwickelt werden. Die größere Masse schwingt langsamer, die Frequenz ist niedriger. Dieser Effekt wird auch bei den tiefen Saiten einer Bassgeige oder eines Klaviers genutzt.

**Schwingende Massen**

Kirchenglocken werden zwar selten als Musikinstrument gesehen, aber doch in einigen Orchesterstücken eingesetzt (Vogt & Kasper, 2015). Sie sind historischer Teil unserer akustischen Umwelt und auch physikalisch sehr interessant.

In Abb. 8.9 sind aus dem Sonagramm eines Glockenklangs die untersten Teiltöne extra herausgehoben. Zudem sind die Teiltöne mit den jeweiligen Schwingungsformen der Glocke verbunden. Bei einer Glocke kann die gesamte Flanke in mehreren Moden schwingen, die waagerechten gestrichelten Linien zeigen die möglichen Knotenlinien. Unabhängig davon kann der Rand schwingen, die senkrechten gestrichelten Linien kennzeichnen die Knotenlinien dieser Moden. Der tiefste Teilton wird Subharmonische genannt und überraschenderweise ist dies nicht die Tonhöhe, die man vernimmt. Dies ist erst der nächste Teilton, Prim genannt. Die weiteren Teiltöne sind eine Terz, eine Quint und eine Oktav über der Prim.

Haben Sie sich schon einmal gefragt, warum eine Glocke eine Glockenform hat? Nur diese Form führt dazu, dass die Teiltöne in einem harmonischen Verhältnis zueinander stehen und damit zu einem angenehmen Klang führen. Eine Kuhglocke hat keine Glockenform und klingt blechern.

# 8 Physik in Musikinstrumenten

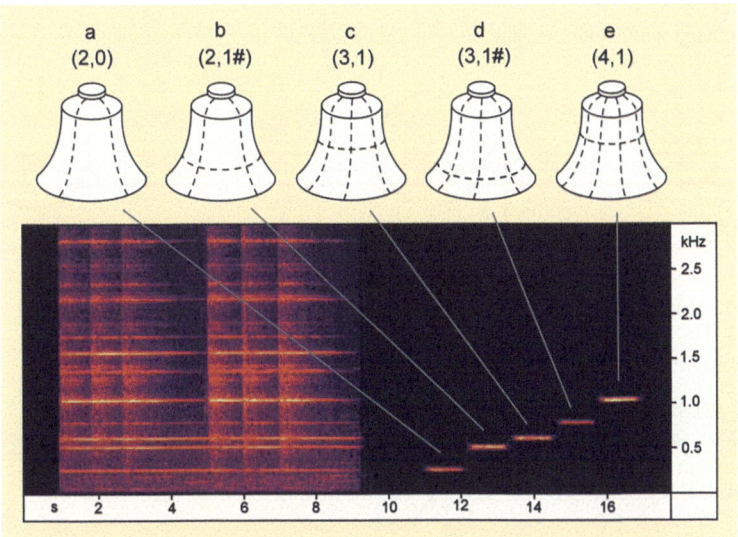

**Abb. 8.9** Sonagramm eines Glockentons (links) und die untersten Teiltöne, verknüpft mit entsprechenden Schwingungsmoden der Glocke. (Aus Mathelitsch & Verovnik, 2015)

**Abb. 8.10** Formen von Glocken, die auf Moll und die auf Dur gestimmt sind. (Aus Mathelitsch & Verovnik, 2015)

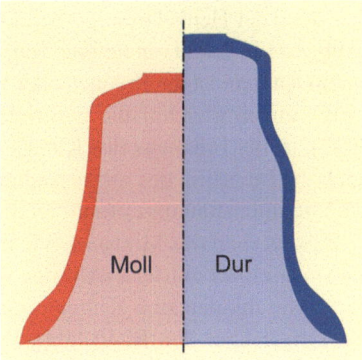

Das Frequenzverhältnis von Subharmonischer zur Terz ist 1 : 2,4, das ist eine kleine Terz und entspricht einer Mollstimmung. Es wurde über sehr lange Zeit vergebens versucht, eine Glocke zu gießen, die in Dur (große Terz; 1 : 2,5) gestimmt ist. Erst 1985 gelang es Forschern an der Technischen Universität Eindhoven mittels Finite-Elemente-Methoden eine Dur-Glocke zu konzipieren und auch zu bauen (Schoofs et al., 1987). Diese hat allerdings ein ungewöhnliches Profil (Abb. 8.10).

Obwohl eine Glocke symmetrisch aussieht, führen unregelmäßiger Guss sowie Gravuren an der Oberfläche zu Unregelmäßigkeiten. Dass diese auch einen akustischen Einfluss haben können, zeigt ein einfaches Beispiel: Schlägt man eine Kaffee- oder Teetasse mit einem Löffel an unterschiedlichen Stellen an, so mag es überraschend sein, zwei unterschiedliche Töne, je nach Ort des Anschlagens, zu vernehmen.

**Abb. 8.11** Je nach Ort des Anschlagens ertönt ein tieferer (**a**) oder ein höherer (**b**) Ton. (Aus Mathelitsch & Verovnik, 2004)

**Abb. 8.12** Messung der Intensität des Schalls eines Weinglases, das an dem Ort angeschlagen wurde, der dem Mikrofon am nächsten ist. (Aus Mathelitsch & Verovnik, 2020)

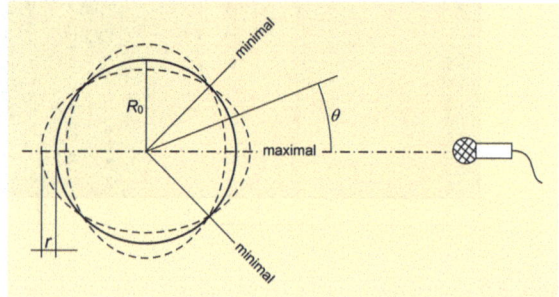

Die Erklärung sollte aber auch von Schülerinnen und Schülern gefunden werden können: Wird der Henkel bewegt (befindet er sich an der Stelle eines Schwingungsbauchs (Abb. 8.11a), ertönt ein tieferer Ton, weil mehr Masse bewegt wird. Ist der Henkel an einem Knoten, ist die Frequenz der Schwingung höher (Abb. 8.11b).

Bei einem gleichmäßig geformten Glas, etwa einem Weinglas (Vogt & Kasper, 2022), ist die Frequenz des Klangs unabhängig vom Ort des Anschlagens, nicht jedoch die Intensität des ausgesandten Klangs. An den Schwingungsknoten wird die stärkste Intensität abgestrahlt, an den Knoten die geringste (Abb. 8.12).

Bewegt man das Mikrofon wie in Abb. 8.12 gezeigt um das Weinglas herum, erhält man eine Laut-leise-Abfolge des Klangs. Man kann das Glas aber nicht nur durch Anschlagen zum Klingen bringen, sondern auch, indem man mit einem nassen Finger über den Rand fährt. Der Mechanismus wird Haftgleiteffekt genannt. Ähnlich wie beim Streichen des Bogens über die Saite einer Geige wirken abwechselnd Haft- und Gleitreibung: Wenn der Finger am Glasrand haftet, lenkt er es zu einer elliptischen Form aus, sobald die rücktreibende Kraft überwiegt, schwingt das Glas zurück, wobei Gleitreibung wirkt. Bei einem zu trockenen Finger wird die Haftreibung zu stark, bei zu nassem Finger zu gering. Die Maxima und Minima wandern mit dem Finger mit und ein feststehendes Mikrofon registriert unterschiedliche Lautstärken des Klangs.

Damit sind wir bei den letzten Instrumenten angelangt, die wir besprechen wollen. Eine Glasharfe besteht aus einer Sammlung von Gläsern, die unterschiedlich hoch mit Flüssigkeit gefüllt sind. Je nach Füllhöhe ist die Frequenz unterschiedlich und man kann eine ganze Tonleiter stimmen. Allerdings ist ein solches Instrument schwer zu spielen, viele Gläser nehmen einen großen Raum ein und eine rasche Abfolge von Tönen oder das gleichzeitige Anspielen mehrerer Gläser ist schwierig zu erzielen.

Um das zu verbessern, entwickelte Benjamin Franklin 1761 ein neuartiges Instrument, die Glasharmonika oder Armonica (Mathelitsch & Verovnik, 2020). Die wassergefüllten Gläser ersetzte der US-amerikanische Naturforscher und Staatsmann durch schüsselförmige Glasschalen unterschiedlicher Stärke. Diese gestimmten Klangschalen sind nebeneinander auf einer waagerechten Achse mittels Korken befestigt. Ein Fußpedal versetzt die Achse in Rotation und man kann auf der Armonica mit Fingern oder Handrücken spielen. Der Weg zu diesem Instrument war allerdings nicht einfach, Benjamin Franklin musste erst einen überragenden Glasbläser finden, der gleichmäßige, defektfreie Klangschalen herstellen konnte.

## 8.2 Ausblick

Wir haben in diesem Artikel nur einen kleinen Einblick in die Vielfalt von musikalischen Instrumenten geben können. Wie oben gezeigt, können sie in physikalisch basierte Gruppen eingeteilt werden. Dennoch zeigt jedes Instrument individuelle Eigenheiten, die interessant sind, erkundet zu werden.

Dabei haben wir das Instrument noch gar nicht angesprochen, bei dem der Mensch Instrument und Spieler gleichermaßen ist: die menschliche Stimme. Es ist für Schülerinnen und Schüler immer überraschend, dass ihre eigene Stimme in einer Aufnahme anders klingt als gewohnt. Dies könnte als guter Einstieg in die physikalische Analyse von Sprache, von Vokalen und Konsonanten sein. Hat sich bezüglich der Instrumente ein Fächerübergreifen zur Musik ergeben, spannt sich mit einer Diskussion der menschlichen Stimme eine Brücke zur Biologie und zum Sprachenunterricht, mit der Singstimme wiederum zur Musik.

## Literatur

Egry, I. (2023). *Die Physik der Musik und ihrer Instrumente*. Wiley-VCH.
Fritz, C., Curtin, J., Poitevineau, J., & Tao, F.-C. (2012). Player preferences among new and old violins. *Proceedings of the National Academy of Sciences, 109*(3), 760–763.
Mathelitsch, L., & Verovnik, I. (2004). *Akustische Phänomene*. Aulis.
Mathelitsch, L., & Verovnik, I. (2014a). Mit Pauken und Trommeln. *Physik in unserer Zeit, 45*(1), 34–35.
Mathelitsch, L., & Verovnik, I. (2014b). Flüstertüten und Besselhörner. *Physik in unserer Zeit, 45*(6), 282–283.
Mathelitsch, L., & Verovnik, I. (2015). Klöppeln für den guten Ton. *Physik in unserer Zeit, 46*(5), 236–237.
Mathelitsch, L., & Verovnik, I. (2020). Franklins gläserne Engelszungen. *Physik in unserer Zeit, 51*(2), 86–87.
Mathelitsch, L., & Verovnik, I. (2022). Produktives Klangchaos. *Physik in unserer Zeit, 53*(3), 140–141.
Mathelitsch, L., & Verovnik, I. (2023). Arpeggio fest in Frauenhand. *Physik in unserer Zeit, 54*(6), 302–304.
Rossing, T. D., Russell, D. A., & Brown, D. E. (1992). On the acoustics of tuning forks. *American Journal of Physics, 60*(7), 620–626.

Schoofs, A., van Asperen, F., Maas, P., & Lehr, A. (1987). Computation of Bell profiles using structural optimization. *Music Perception, 4*(3), 245–254.

Vogt, P., & Kasper, L. (2015). Der Klang von Kirchenglocken: Experimentelle und empirische Untersuchung eines wohlbehüteten Geheimnisses. *PdN Physik in der Schule*, Heft 7, 23–27.

Vogt, P., & Kasper, L. (2022). Recording a resonance curve with smartphones and wine glasses. *The Physics Teacher, 60*, 308–309.

# Akustische Phänomene mit der App phyphox untersuchen

**9**

Sebastian Staacks und Jens Noritzsch

## 9.1 Wellenausbreitung

Das Bestimmen der Schallgeschwindigkeit ist ein naheliegendes Ziel in Akustikexperimenten. Tatsächlich kann die Schallgeschwindigkeit mit den meisten der in diesem Artikel vorgestellten Versuche ermittelt werden, da sie als Parameter bei der Beschreibung von Resonanz und Interferenz auftritt. Der Nachteil vieler dieser Experimente ist jedoch, dass die vermeintlich einfache phänomenologische Ausbreitung einer Schallwelle, die durch die Schallgeschwindigkeit erfasst wird, erst über wesentlich komplexere Zusammenhänge beschrieben werden kann. Dies gilt insbesondere für die Ausbildung stehender Wellen, deren Verständnis in vielen Experimenten erst den Zugang zur Untersuchung der Wellenausbreitung eröffnet.

Entsprechend soll hier stattdessen als erstes ein niederschwelliges phyphox-Experiment zur Bestimmung der Schallgeschwindigkeit vorgestellt werden. Der niederschwellige Zugang bezieht sich nicht nur auf das notwendige physikalische Verständnis, sondern auch darauf, dass, anders als in vielen anderen phyphox-Experimenten, kein Lesen und Interpretieren von Graphen erforderlich ist. Stattdessen übernimmt die App hier lediglich die Funktion einer Stoppuhr zur Bestimmung einer Geschwindigkeit (Staacks et al., 2019).

Für dieses Experiment wird in phyphox die Konfiguration „Akustische Stoppuhr" aus der Kategorie „Zeitmessung" ausgewählt. Die Funktionsweise ist leicht zu erklären und Schülerinnen und Schülern idealerweise in einer kurzen Demonstration

---

S. Staacks (✉) · J. Noritzsch
2nd Institute of Physics A, RWTH Aachen University, Aachen, Deutschland
E-Mail: staacks@physik.rwth-aachen.de; noritzsch@physik.rwth-aachen.de

zu zeigen. Tippt man in phyphox auf Start (Dreiecksymbol oben rechts), wartet die App auf das Auftreten eines lauten Geräuschs wie beispielsweise das Klatschen in die Hände. Sobald ein solches Geräusch auftritt, zählt die Zeitmessung aufwärts, bis erneut ein lautes Geräusch auftritt und die Messung stoppt. Weitere Tabs in phyphox bieten Varianten für Messungen mit mehreren Geräuschereignissen, aber für die Schallgeschwindigkeitsmessung genügt der Tab „Einfach". Es kann notwendig sein, die Empfindlichkeit der Messung über die Einstellung „Schwelle" anzupassen, falls die Stoppuhr bei zu niedriger Schwelle durch Umgebungsgeräusche ausgelöst wird oder sie bei zu hoher Schwelle das eigentliche Signal verpasst.

Hinter dieser einfachen Funktion steckt eine Audioaufnahme über das Mikrofon, die mit hoher Aufnahmequalität erfolgt, was bei den meisten Smartphones einer Sample-Rate von 48 kHz entspricht und etwas oberhalb der sogenannten CD-Qualität mit auf älteren Smartphones manchmal noch anzutreffenden 44,1 kHz liegt. Die zeitliche Auflösung der einzelnen Samples liegt somit bei 21 µs, wobei in der Praxis so gut wie kein Signal erzeugt werden kann, das eine so steile Flanke hat, dass diese Auflösung realistisch erreicht werden könnte. Phyphox zeigt Messwerte mit einer Auflösung von 1 ms, was etwa der Messungenauigkeit entspricht, die man in einem sorgfältig durchgeführten Experiment, insbesondere mit gleichen Triggersignalen für den Start und Stopp der Messung, erreichen kann.

Um mit dieser Funktion nun die Schallgeschwindigkeit zu messen, stellen sich zwei Lernende mit zwei vor ihnen liegenden Smartphones in einem Abstand von ca. 5 m auf. Die Linie zwischen den beiden Geräten sollte frei von störenden Objekten sein und die Distanz $d$ zwischen den Smartphones vermessen werden. Die Geräte befinden sich dabei zwischen den Lernenden, die sich auf der Verlängerung der Verbindungslinie „hinter" ihrem jeweiligen Gerät positionieren. Dies wird im Folgenden als Position 1 und 2 sowie Smartphone 1 und 2 bezeichnet (Abb. 9.1).

Auf beiden Smartphones wird nun die akustische Stoppuhr in phyphox scharf gestellt und die Schwelle möglichst so gewählt, dass beide Lernende in der Lage sind, durch lautes Klatschen in die Hände beide Stoppuhren zu starten und zu stoppen.

Die Person auf Position 1 klatscht zuerst, um die Zeitmessung auf beiden Smartphones zu starten. Anschließend klatscht auch die Person auf Position 2 in die Hände, um beide Zeitmessungen wieder zu stoppen. Dabei vergeht nach dem Eintreffen der Schallwelle vom ersten Klatschen an Position 2 bis zum zweiten Klatschen noch eine Zeit, die wir Reaktionszeit nennen. Entscheidend ist nun zu

**Abb. 9.1** Anordnung zur Bestimmung der Schallgeschwindigkeit mittels akustischer Stoppuhr. Zwei Lernende positionieren je ein Smartphone im Abstand $d$ und positionieren sich hinter dem jeweiligen Gerät, um die Messung durch Händeklatschen auszulösen

verstehen, dass Smartphone 2 nur die Reaktionszeit der Person an Position 2 gemessen hat. Das von Smartphone 1 gemessene Zeitintervall $\Delta t_1$ beinhaltet hingegen die Ausbreitung der Schallwelle von Position 1 nach Position 2, die Reaktionszeit und schließlich die Ausbreitung der zweiten Schallwelle von Position 2 zurück nach Position 1. Da die beiden Ausbreitungszeiten bei der Messung von $\Delta t_2$ von Smartphone 2 fehlen, entspricht die Differenz der gemessenen Zeiten der Laufzeit des Schalls über Hin- und Rückweg, also dem doppelten Abstand $d$ der Smartphones. Die Schallgeschwindigkeit kann daher mit Grundrechenarten zu

$$v_s = \frac{2d}{\Delta t_1 - \Delta t_2} \tag{9.1}$$

bestimmt werden. Typische Werte der ermittelten Schallgeschwindigkeit für $d$ = 5m liegen im Bereich von 300 bis 370 m/s. Damit ist das Experiment zwar nicht geeignet, um Feinheiten wie die Temperaturabhängigkeit der Schallgeschwindigkeit zu zeigen, stellt aber eine sowohl experimentell als auch mathematisch leicht zugängliche Methode dar, um die Ausbreitungsgeschwindigkeit des Schalls abzuschätzen.

## 9.2 Frequenzbestimmung

Ein weiteres wichtiges Werkzeug bei der Betrachtung von Wellen und Schwingungen ist die Frequenzbestimmung. Diese ist essenziell, um Effekte wie Resonanz und Schwebung zu untersuchen, und ist zugleich die Eigenschaft einer Schallwelle, die für Menschen direkt im Sinne einer Tonhöhe erfahrbar ist. Eine Methode zur Frequenzbestimmung kann darüber hinaus ein Werkzeug sein, um Musikinstrumente zu stimmen oder beispielsweise die Drehzahl schneller Motoren zu messen.

Gerade Schallwellen treten jedoch selten in Form einer idealen harmonischen Welle auf, weshalb sie oft nicht ohne Weiteres durch eine einzelne Frequenz einer Sinusfunktion charakterisiert werden können. Entsprechend bietet phyphox zwei grundlegende Methoden an, um über das Mikrofon des Geräts Schallwellen auf ihre Frequenzen hin zu untersuchen:

### 9.2.1 Audiospektrum

Der Menüpunkt „Audio Spektrum" setzt auf eine diskrete Fouriertransformation. Diese zerlegt ein beliebiges Signal in eine Überlagerung harmonischer Wellen verschiedener Frequenzen und Amplituden. Das Ergebnis ist ein Frequenzspektrum, also eine Darstellung der Amplituden als Funktion der Frequenz.

Diese Methode ist insbesondere für Signale geeignet, die aus mehreren harmonischen Schwingungen bestehen, nicht streng periodisch sind oder Obertöne aufweisen. Die Fouriertransformation kann die einzelnen Töne eines musikalischen Akkords aufschlüsseln, Obertöne sichtbar machen und Frequenzen auch bei starken Hintergrundgeräuschen trennen.

Um die Grenzen der Methode zu verstehen, ist jedoch die Berücksichtigung des Nyquist-Shannon-Abtasttheorems notwendig, welches besagt, dass aus äquidistanten Abtastwerten mit der Abtastrate $f_s$ ein Signal rekonstruiert werden kann, das keine Frequenzen oberhalb der maximalen Frequenz $f_{max} = \frac{f_s}{2}$ enthält. Entsprechend reicht das von phyphox angezeigte Spektrum von 0 Hz bis $\frac{f_s}{2} = 24$ kHz. Treten Frequenzen oberhalb dieser Grenze auf, können die Messungen durch den sogenannten Alias-Effekt verfälscht werden, was aber bei akustischen Signalen selten ein Problem ist, da die gängigen Mikrofone auf so hohe Frequenzen nicht ansprechen.

Das berechnete Spektrum enthält jedoch nur eine begrenzte Anzahl äquidistanter Werte und diese Anzahl entspricht der Hälfte der Messwerte, die in die Fouriertransformation eingegangen sind. Wurden beispielsweise 2000 Werte aufgenommen, was bei $f_s = 48$ kHz einer Aufnahmedauer von etwa 42 ms entspricht, erhält man ein Spektrum mit 1000 Werten von 0 Hz bis 24 kHz. Die Frequenzauflösung, also der Abstand benachbarter Frequenzen im Spektrum, beträgt damit gerade einmal 24 Hz, was je nach Anwendung zu ungenau sein kann.

Abhilfe schafft hier, mehr Datenpunkte heranzuziehen, was bei gleicher Abtastrate einer längeren Aufnahmedauer entspricht. Um beispielsweise eine Auflösung von 1 Hz zu erreichen, werden 24.000 Punkte im Spektrum benötigt, was 48.000 Samples und damit einer Aufnahmedauer von 1 s entspricht. Tatsächlich ist die Frequenzauflösung der Kehrwert der Aufnahmedauer. In phyphox können in dem Tab „Einstellungen" verschiedene Voreinstellungen für die Anzahl der Datenpunkte gewählt werden.

Damit wird jedoch auch die größte Schwachstelle der Fouriertransformation deutlich: Eine hohe Frequenzauflösung hat eine geringe zeitliche Auflösung zur Folge. Es muss immer ein Kompromiss gewählt werden. Während man zum exakten Stimmen eines Musikinstruments eine langsame Messung in Kauf nehmen kann, muss man bei der Analyse eines Geräuschs mit wechselnden Frequenzen, wie sie bei dem später beschriebenen schnellen Füllen eines Wasserglases auftreten, mit einer geringeren Frequenzauflösung vorliebnehmen, um die zeitliche Änderung erfassen zu können.

### 9.2.2 Autokorrelation

Auch wenn die Fouriertransformation eine weit verbreitete und technisch besonders relevante Methode zur Analyse von Frequenzen darstellt, ist sie jedoch nicht die einzige Option. Tatsächlich kann man mathematisch sehr verschiedene Annahmen treffen bzw. Voraussetzungen an das Signal stellen. Während die Fouriertransformation viele sich überlagernde harmonische Signale bei bestimmten Frequenzintervallen beschreibt, kann man auch voraussetzen, dass es sich bei dem Eingangssignal um ein einziges streng periodisches Signal handelt, und für diesen Fall die Frequenz dieser Periodizität erheblich genauer bestimmen. Hierbei nimmt man in Kauf, dass das Ergebnis seine Bedeutung verliert, wenn man ein Signal einspeist, das diese Voraussetzung verletzt.

Eine solche Methode verbirgt sich in phyphox unter dem Eintrag „Audio-Autokorrelation". Hier untersucht phyphox das Signal des Mikrofons auf Selbstähnlichkeit. Die Genauigkeit wird hierbei durch die zeitliche Auflösung der Samples begrenzt, sodass phyphox eine Periodendauer mit $\frac{1}{f_s} \approx 21\,\mu s$ bestimmen kann. Die Frequenzauflösung hängt somit von der zu messenden Periodendauer ab, wobei phyphox mehrere Perioden des Signals innerhalb eines Zeitfensters von 20 ms nutzt, woraus sich eine Auflösung von etwa 0,1 % der gemessenen Frequenz ergibt.

Damit ist diese Methode zunächst der Fouriertransformation weit überlegen, die in 20 ms gerade einmal eine Auflösung von 50 Hz erreicht. Der Nachteil ist jedoch, dass die Messung der Autokorrelation sehr anfällig für Störgeräusche ist und keinen Sinn mehr ergibt, wenn sich mehrere (nicht vielfache) Frequenzen überlagern.

Die Signalverarbeitung bietet noch viele weitere Methoden der Frequenzanalyse mit diversen Vor- und Nachteilen. Oft kann ein auf einen bestimmten Zweck zugeschnittenes Werkzeug generische Methoden ausstechen. Dies bietet auch die Option für eine zukünftige Entwicklung weiterer Werkzeuge in phyphox, die für bestimmte Experimente besonders geeignet sind.

Ein bereits jetzt verfügbares Beispiel hierfür ist der Dopplereffekt. Hier ist die Frequenzanalyse besonders schwierig, da die Stärke des Effekts von der Geschwindigkeit der Schallquelle abhängt. Ein deutliches Signal erfordert eine hohe Geschwindigkeit, was aber wiederum dazu führt, dass das Experiment auf einer kleinen Zeitskala stattfindet.

Phyphox bietet hier unter „Doppler-Effekt" eine spezialisierte Version der Autokorrelation. In dieser gibt man die Grundfrequenz der Schallquelle sowie einen zu erwartenden Frequenzbereich an, wodurch phyphox einen erheblichen Teil der recht aufwendigen Berechnung sparen kann und so auch auf langsameren Smartphonemodellen bereits ausreichend genaue Untersuchungen des Dopplereffekts mit einer Schallquelle auf beispielsweise einem Fahrrad ermöglicht. Eine Anleitung ist auf LEIFIphysik (LEIFIphysik, o. J.) verfügbar.

## 9.3 Resonanz

Ausgerüstet mit der Möglichkeit, die Frequenzen von Schallwellen zu bestimmen, kann auch das Phänomen der Resonanz untersucht werden. Hierbei ist es zunächst naheliegend, eine Resonanz händisch anzuregen, indem beispielsweise ein Weinglas angestoßen, eine Stativstange angeschlagen oder ein Musikinstrument bespielt wird. Zu all diesen Situationen kann phyphox die Frequenz des resultierenden Tons bestimmen, die dann in Bezug zu beispielsweise der Länge der Stativstange oder einer Gitarrensaite gesetzt werden kann.

Ein interessantes Beispiel für Lernende stellt die Vase in Abb. 9.2a dar. Schlägt man mit der flachen Hand auf die Öffnung, kann man eine Resonanz der in der Vase enthaltenen Luftsäule anregen, die als kurzes „Plopp" zu hören ist. Wichtig ist hierbei die Abgrenzung zu dem Geräusch, das beim Klopfen gegen die Wand der Vase entsteht, bei dem das Glas selbst mit einem deutlich höheren Ton in Schwingung versetzt wird.

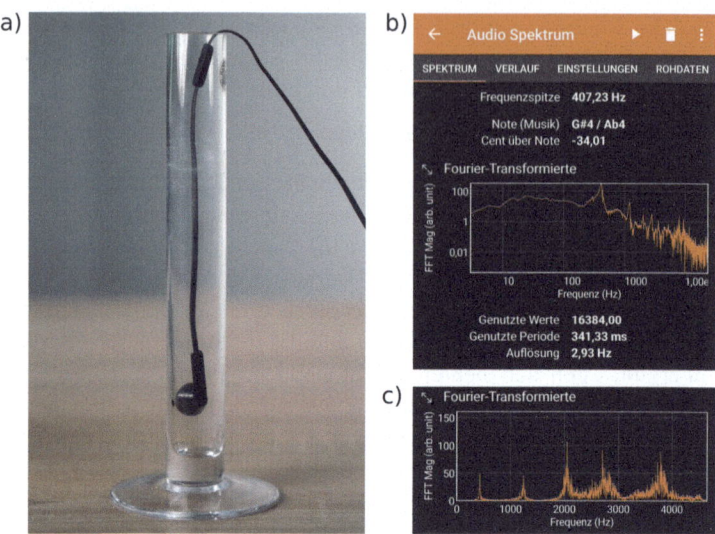

**Abb. 9.2** Resonanz der Luftsäule in einer Vase. **a** Foto der Vase mit einer Seite eines Headsets zur Messung der Resonanz und Erzeugung Weißen Rauschens. **b** Resonanzspektrum bei Anregung durch einen Schlag mit flacher Hand auf die Öffnung. **c** Resonanzspektrum bei Anregung mit Weißem Rauschen

Da es nicht ganz leicht ist, die Frequenzmessung in phyphox synchron zu einem so kurzen Geräusch zu stoppen, ist in diesem Fall die etwas trägere Messung der Fouriertransformation mit 16.384 Datenpunkten (entspricht einer Aufnahmedauer von 341 ms) sogar von Vorteil, da man einfach wiederholt während der Messung auf die Öffnung schlagen kann und in der Regel eine Messung erhält, die ein Geräusch erfasst hat.

Die so ermittelte Frequenz von $f = 407$ Hz (Abb. 9.2b) liegt jedoch deutlich niedriger, als man es von einfacheren Beispielen wie einer Gitarrensaite gewohnt ist, wenn man lediglich die Länge des Resonators $l = 20$ cm und eine Schallgeschwindigkeit von $v_s = 330\,\frac{\text{m}}{\text{s}}$ zugrunde legt. Die meisten Lernenden erwarten, dass die Wellenlänge dem Doppelten der Resonatorlänge entspricht, was mit $\lambda = \frac{v_s}{f} \approx 82$ cm jedoch nicht gegeben ist. Dies liegt daran, dass es sich hier um einen Resonator handelt, dessen unteres Ende geschlossen ist, während das obere Ende offen ist. Damit ergeben sich für eine stehende Druckwelle die Randbedingungen, dass am geschlossenen Ende ein Wellenbauch und am offenen Ende ein Knoten vorliegen muss. Die niedrigstfrequente Welle, die dies erfüllen kann, hat eine Wellenlänge von $\lambda = 4\,l$.

Diese Besonderheit wird nochmal deutlicher, wenn die Resonanzen mit nächsthöherer Frequenz betrachtet werden. Hierzu kann man in der „Audio Spektrum"-Funktion von phyphox im Tab „Einstellungen" die Erzeugung von Weißem Rauschen aktivieren. Phyphox gibt dann während der Messung über den Lautsprecher des Geräts ein Signal aus, das sich über das gesamte akustische Spektrum erstreckt.

Dieses regt alle Resonanzfrequenzen in dem durch den Lautsprecher erzeugbaren Bereich in der Vase an, die dann verstärkt hör- und messbar sind. Dies funktioniert besonders gut, wenn man ein Headset anschließt und dessen Kopfhörer und das Mikrofon nutzt, um gezielt im Resonator Signale zu erzeugen und zu messen (Abb. 9.2a). Für einen solchen Aufbau sollte man jedoch bedenken, dass die Position von Kopfhörer und Mikrofon aufgrund der verschiedenen Positionen von Wellenknoten und -bäuchen einen Einfluss auf die Amplitudenverhältnisse der stehenden Wellen hat.

Deaktiviert man die logarithmische Auftragung des Spektrums (Antippen des Graphen, dann „Mehr Werkzeuge" unten rechts), ist leicht erkennbar, dass die nächsthöhere Resonanzfrequenz keinesfalls dem Doppelten der bereits beobachteten Grundfrequenz bei etwa 400 Hz entspricht (Abb. 9.2c). Man kann auch während der Messung einen Deckel auf die Vase legen und so zeigen, dass sofort vollkommen andere Resonanzen auftreten. Leider entsprechen diese nicht dem einfachen Modell eines beidseitig geschlossenen eindimensionalen Resonators, da der nicht vernachlässigbare Innendurchmesser der Vase zu einer Verschiebung der Frequenzen und zum Auftreten einer weiteren, erheblich niedrigeren Frequenz führt.

Eine anschauliche Alternative mit Alltagsbezug stellt die Variante dar, das Weiße Rauschen nicht mit phyphox zu erzeugen, sondern die Vase langsam mit Wasser zu füllen (Abb. 9.3a). Hierzu sollte ein feiner gleichmäßiger Wasserstrahl aus einer Höhe von etwa 30 cm in die Vase fließen. Während der Wasserpegel in der Vase steigt, verkürzt sich der Resonator im Laufe des Experiments und man kann im Tab „Verlauf" sehen, wie sich die Resonanzen mit der Zeit und mit durch den Wasserpegel abnehmender Resonatorlänge zu höheren Frequenzen verschieben (Abb. 9.3b).

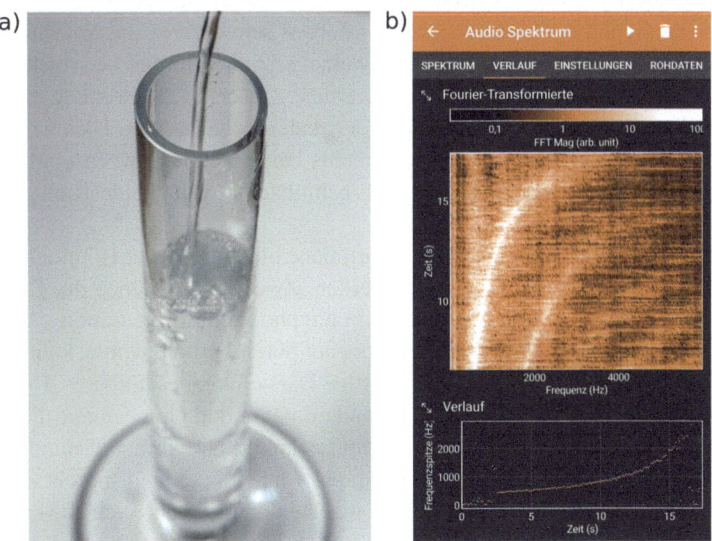

**Abb. 9.3** **a** Beim Füllen der Vase mit Wasser verringert sich mit zunehmendem Wasserpegel die Resonatorlänge der Luftsäule. **b** Dies führt zu mit der Zeit messbar steigenden Resonanzfrequenzen

Die Lernenden können dies direkt mit dem Phänomen der zunehmenden Tonhöhe beim Befüllen von Wassergläsern in Verbindung bringen.

Für die Variante dieses Experiments sei auf Kasper & Vogt (2020) verwiesen, wo der Hals einer Weinflasche als Resonator dient und das Geräusch beim Öffnen der Flasche genutzt wird, um die Schallgeschwindigkeit zu bestimmen.

## 9.4 Interferenz und Schwebung

Ein weiterer, mit Smartphones leicht zu demonstrierender Effekt ist die Schwebung zweier Töne. Hier kann der Aufwand durch den Einsatz von ein, zwei oder drei Geräten je nach Präferenz und Lernziel variiert werden.

In einer einfachen, aber auch unspektakulären Variante wird die Schwebung durch ein einziges Smartphone erzeugt, indem in phyphox die Konfiguration „Tongenerator" aufgerufen wird. Hier wechselt man auf den Tab „Multi" und tippt auf „Mehrfach-Tongenerator nutzen", um mehrere Frequenzen zugleich erzeugen zu können. Wählt man zwei Frequenzen, die nah genug beieinander liegen (z. B. 440 und 445 Hz), und startet das Experiment, ist eine deutliche Schwebung zu hören.

Dieses einfache Experiment erscheint geeignet, um den Klangeindruck der Schwebung für verschiedene Frequenzen zu erkunden, wenn die Lernenden den Effekt bereits verstanden haben. Es ist aber zugleich für Lernende ohne Vorkenntnisse wenig eindrucksvoll und einprägsam, da die Überlagerung der beiden Frequenzen schon im Gerät erfolgt. In gewisser Weise verliert es sogar den Experimentcharakter, da die Schwebung streng genommen bereits vor der Erzeugung einer physischen Welle mathematisch errechnet wird.

Eindrucksvoller ist der Einsatz von zwei Geräten mit dem einfachen Tongenerator in phyphox. Hier ist es allerdings etwas schwieriger, die Amplituden beider Geräte so anzugleichen, dass die Schwebung deutlich hörbar ist – insbesondere wenn verschiedene Modelle verwendet werden –, aber die Schwebung entsteht in diesem Fall erst durch die Überlagerung der realen Schallwellen. Dies wird besonders deutlich, wenn während des Experiments beide Geräte abwechselnd gestoppt werden und die Schwebung nur dann wahrnehmbar ist, wenn beide Töne gleichzeitig erzeugt werden.

Nimmt man schließlich ein drittes Smartphone hinzu, kann der Höreindruck noch um eine grafische Darstellung ergänzt werden. Zwei Geräte dienen der Erzeugung der Schwebung und auf dem dritten wird in phyphox die Konfiguration „Audio Oszilloskop" gewählt. Nachdem dort die Dauer auf 500 ms erhöht wurde, kann man das Experiment starten und eine oszilloskopartige Darstellung des hörbaren Tons sehen. Hierbei ist zu beachten, dass phyphox standardmäßig den Graphen auf die höchste seit Beginn der Messung erfasste Amplitude skaliert. Da dies oft Handhabungsgeräusche sind, empfiehlt es sich, den Graphen anzutippen und mittels Zwei-Finger-Gesten auf einen für den erzeugten Ton geeigneten Wertebereich zu skalieren.

Bei eher niedrigen Frequenzen (z. B. 300 und 305 Hz in Abb. 9.4a) kann man einen Kompromiss finden, bei dem die Schwebung hörbar ist und im Graphen sowohl die Einhüllende als auch die mittlere Frequenz erkennbar sind. Insbesondere

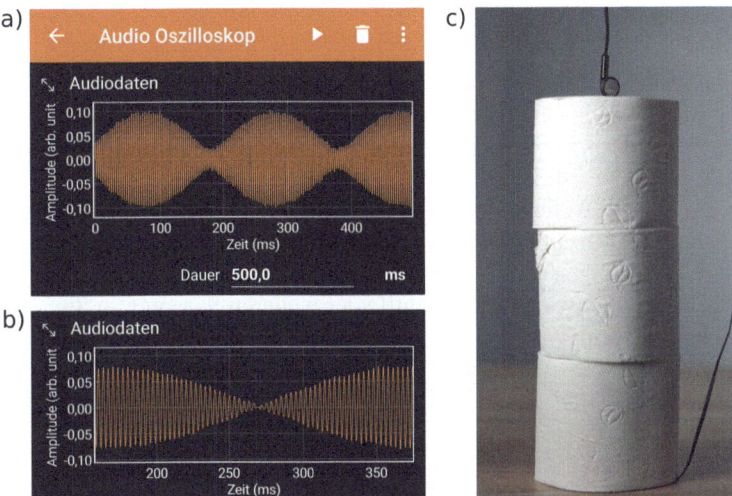

**Abb. 9.4** a Schwebung zweier Töne bei 300 und 305 Hz, visualisiert über ein drittes Smartphone. b Detailaufnahme eines Schwebungsknotens. c Experimenteller Aufbau zur Interferenz. An beiden Enden der durch Toilettenpapierrollen erzeugten Röhre wird je ein Lautsprecher eines Kopfhörers eingeführt

kann auf einen Schwebungsknoten gezoomt werden, um zu sehen, wie die Einhüllende die mittlere Frequenz moduliert (Abb. 9.4b).

Analog zu einer Auslöschung zweier Schallwellen als Funktion der Zeit kann auch die Interferenz als Auslöschung zweier Schallwellen als Funktion des Orts gezeigt werden (National Physical Laboratory, o. J.). Hierzu müssen jedoch zwei Schallwellen mit gleicher Frequenz erzeugt werden, die zudem in einer festen, zeitlich unveränderlichen Phasenbeziehung stehen. Dies kann bei der Erzeugung durch zwei Smartphones mit unvermeidbaren kleinen zeitlichen Abweichungen nur schwer realisiert werden. Stattdessen wird dies durch den Einsatz eines einfachen kleinen Kabelkopfhörers (Ohrhörer bzw. In-Ear-Kopfhörer) erreicht. Schließt man diesen an das Handy an und nutzt den Tongenerator in phyphox, wird der Ton parallel aus beiden Lautsprechern ausgegeben, sodass eine feste Phasenbeziehung gegeben ist.

Um zusätzliche Interferenzen durch Reflexionen im Raum zu vermeiden, wird aus Toilettenpapierrollen ein Tonkanal gebaut, in dem das Interferenzexperiment stattfindet. Hierzu wird ein Kopfhörerlautsprecher auf einen Tisch gelegt und drei Rollen Toilettenpapier werden darauf gestapelt (Abb. 9.4c). Startet man nun den Tongenerator mit einer vergleichsweise hohen Frequenz (etwa 1 bis 3 kHz), kann man den zweiten Lautsprecher am Kabel von oben in die Öffnung der Toilettenpapierrollen herablassen. Sofort ist hörbar, wie die Amplitude des Tons durch die Interferenz der beiden Schallwellen abhängig von der Position des oberen Lautsprechers variiert.

Misst man den Abstand zweier Positionen, in denen eine Auslöschung der Schallwelle auftritt, entspricht dieser Abstand der Wellenlänge. Hieraus kann man zusammen mit der eingestellten Frequenz der Töne erneut die Schallgeschwindigkeit zu $v_s = \lambda f$ bestimmen.

## 9.5 Fazit

Die App phyphox eröffnet neben einer Vielzahl an weiteren Experimentieroptionen auch die Möglichkeit für diverse Schallexperimente und bietet dabei alle grundlegenden Funktionen, um Schwingungen und Wellen zu erkunden. Insbesondere die akustische Stoppuhr ist hierbei ein Alleinstellungsmerkmal der App, das einen intuitiven Zugang zur Wellenausbreitung bietet. Sie wird durch Methoden zur Tonerzeugung und Frequenzanalyse ergänzt.

Weitere Anregungen und Experimente zu Schwingungen, insbesondere auch zu mechanischen Schwingungen mithilfe der weiteren Sensoren in Smartphones, finden sich unter https://phyphox.org.

## Literatur

Kasper, L., & Vogt, P. (2020). Corkscrewing and speed of sound: A surprisingly simple experiment. *The Physics Teacher, 36,* 278–279. https://doi.org/10.1119/1.5145480

LEIFIphysik. (o.J.). DOPPLER-Effekt beim Fahrradfahren (Smartphone-Experiment mit phyphox). https://www.leifiphysik.de/akustik/akustische-wellen/versuche/doppler-effekt-beim-fahrradfahren-smartphone-experiment-mit-phyphox. Zugegriffen am 05.05.2025.

National Physical Laboratory. (o.J.). *Measurement at home: Measuring the speed of sound using toilet rolls.* https://www.npl.co.uk/measurement-at-home/measuring-sound-with-toilet-rolls. Zugegriffen am 05.05.2025.

Staacks, S., Hütz, S., Heinke, H., & Stampfer, C. (2017). Advanced tools for smartphone-based experiments: phyphox. *Physics Education, 53,* 045009. https://doi.org/10.1088/1361-6552/aac05e

Staacks, S., Hütz, S., Heinke, H., & Stampfer, C. (2019). Simple time-of-flight measurement of the speed of sound using smartphones. *The Physics Teacher, 57,* 112–113. https://doi.org/10.1119/1.5088474

# Der Klang von Musikinstrumenten – Experimentelle Untersuchung komplexer Töne mit einfachen Mitteln

# 10

Patrik Vogt und Lutz Kasper

## 10.1 Was gibt Musikinstrumenten ihren Klang?

Erzeugen verschiedene Musikinstrumente einen „Ton" – physikalisch gesehen eigentlich einen Klang (vgl. nächster Abschnitt) – gleicher Frequenz und Amplitude, so können wir dennoch ohne größere Mühe die Instrumente voneinander unterscheiden und mit wenig Vorerfahrung sogar richtig benennen. Möglich ist dies, da jedes Musikinstrument einen eigenen, ganz charakteristischen Klang besitzt, welcher als *Klangfarbe* bezeichnet wird (Abb. 10.1). Beschrieben wird die Klangfarbe durch Adjektive wie „hohl" und „näselnd" (z. B. Oboe und Flöte), „hell" und „warm" (z. B. Streichinstrumente) oder durch Vergleiche mit bekannten Instrumenten (z. B. „flötenartig" oder „wie ein Orgelton") (Meschede, 2006; Roederer, 2000). Was gibt Musikinstrumenten aber ihren charakteristischen Klang und wodurch können wir sie voneinander unterscheiden? Diesen Fragen wollen wir uns nähern, indem wir die Klänge verschiedener Musikinstrumente mit geeigneten Apps analysieren (vgl. auch Vogt, 2015). Hierzu verwenden wir die App Schallanalysator (Ziegler, o. J.), zur Darstellung von Oszillogrammen und Frequenzspektren, sowie die App Wavepad (NCH Software, o. J.; Vogt et al., 2022), um Tonaufnahmen rückwärtslaufen zu lassen und zu schneiden.

---

P. Vogt (✉)
Institut für Lehrerfort- und -weiterbildung, Mainz, Deutschland
E-Mail: vogt_patrik@icloud.com

L. Kasper
Pädagogische Hochschule Schwäbisch Gmünd, Abteilung Physik,
Schwäbisch Gmünd, Deutschland
E-Mail: lutz.kasper@ph-gmuend.de

© Der/die Autor(en), exklusiv lizenziert an Springer-Verlag GmbH, DE, ein Teil von Springer Nature 2025
L. Kasper, J. Winkelmann (Hrsg.), *Schwingungen und Wellen in Alltagskontexten*, https://doi.org/10.1007/978-3-662-70949-8_10

**Abb. 10.1** Für die in diesem Abschnitt dargestellten Analysen genutzte Instrumente, deren Klangfarben deutlich voneinander unterschieden werden können. Oben: Triola der Firma Seydel. Unten: Sopranblockflöte Moeck 1020 Flauto 1 Plus

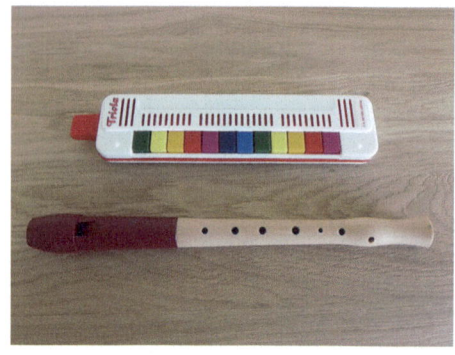

### 10.1.1 Gängige Erklärung der Klangfarbe

Üblicherweise geht der Behandlung des Phänomens „Klangfarbe" in Schulbüchern und im Unterricht die Erarbeitung der verschiedenen Schallarten „Ton", „Klang", „Knall" und „Geräusch" voraus. Der *Ton* wird dabei als Schallereignis eingeführt, der seine Ursache in einer harmonischen Schwingung hat (gut realisierbar durch Stimmgabeln oder Tongeneratoren), daher durch eine einfache Sinusfunktion beschrieben werden kann und im Frequenzspektrum nur eine einzige Spektrallinie aufweist. Davon abgegrenzt wird der *Klang* (in der Fachliteratur oft auch als *komplexer Ton* bezeichnet [Roederer, 2000]), wie er von den meisten Musikinstrumenten hervorgerufen wird; sein Schwingungsbild besitzt ebenfalls einen periodischen, jedoch nicht sinusförmigen Verlauf. Nach dem Satz von Fourier kann ein solches Signal als Summe von Sinusfunktionen dargestellt werden, deren Argumente ganzzahlige Vielfache einer Grundfrequenz sind. Ein Klang wird deshalb als ein Gemisch reiner Töne eingeführt, welches im Frequenzspektrum neben dem Grundton – er bestimmt die wahrgenommene Tonhöhe – eine Reihe von Obertönen (auch Partialtöne) enthält.

Der charakteristische Klang eines Instruments wird in den meisten Schulbüchern (z. B. Bader & Oberholz, 2009; Heepmann et al., 1997; Meyer & Schmidt, 2005), in vielen Standardwerken der Experimentalphysik (z. B. Meschede, 2006; Dransfeld et al., 2005) und daher sicher nicht selten auch im Physikunterricht ausschließlich mit Unterschieden im Obertonspektrum begründet, also mit einer unterschiedlichen Zahl an Partialtönen bzw. unterschiedlichen Amplitudenverhältnissen (Abb. 10.2). So heißt es z. B. in Heepmann et al. (1997): „Die Zahl der Obertöne und ihre Lautstärke bestimmen den Klang des Instruments." oder in Dransfeld et al. (2005): „Die Klangfarbe eines Musikinstruments ist allein durch den Gehalt an Oberwellen bestimmt."

### 10.1.2 Das Problem der Erklärung

Dass das Obertonspektrum eines Instruments zwar einen erheblichen Einfluss auf dessen Klangfarbe hat, diese aber nicht vollständig erklären kann, zeigt das von

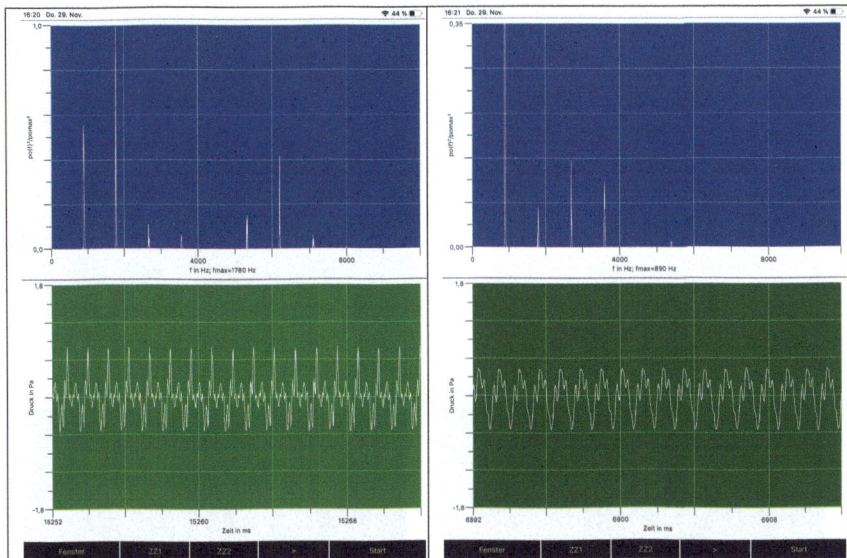

**Abb. 10.2** Frequenzspektrum (blau) und Oszillogramm (grün) des zweigestrichenen A (a²) einer Triola (links) und einer Blockflöte (rechts), analysiert mit der App Schallanalysator (Ziegler, o. J.). Die Unterschiede im Obertonspektrum und Oszillogramm sind klar zu erkennen

Nordmeier und Voßkühler beschriebene Experiment (Voßkühler & Nordmeier, 2010; Nordmeier & Voßkühler, 2009): Selbst Berufsmusiker konnten Instrumente nicht mehr erkennen, sobald die Einschwingvorgänge (Zeit vom Anregen der Schwingung bis zum Erreichen des stationären Schwingungszustands) mit einer geeigneten Software „abgeschnitten" wurden; möglich war ihnen lediglich eine Zuordnung in die richtige Stimmgruppe (Voßkühler & Nordmeier, 2010). Dies ist ein eindrucksvoller Beleg dafür, dass eine Ähnlichkeit oder Unähnlichkeit von Klangfarben mit dem Frequenzspektrum des stationären Schwingungszustands in Zusammenhang gebracht werden kann und dass die Erkennung eines Instruments dagegen hauptsächlich auf charakteristischen Merkmalen während des Einsetzens des Klangs beruht (z. B. Anregungsmechanismus). Die verfeinerte Wahrnehmung der Klangfarbe eines Instruments, wie man sie für eine Instrumenterkennung benötigt, erfordert also viel mehr Information als nur das Spektrum eines Klangs – die kurzen Einschwing- aber auch Abklingvorgänge sind ebenfalls von entscheidender Bedeutung (Roederer, 2000; Abb. 10.3). Nach Iverson & Krumhansl (1993; zitiert nach Roederer, 2000) ist der Einsatz eines komplexen Tons sogar das wichtigste Kennzeichen von Klangfarbe und Herkunft.

Der Einfluss der Einschwing- und Abklingvorgänge – also gewissermaßen die zeitliche Änderung des Frequenzspektrums (Litschke, 2000) – auf das Klangerleben (Abb. 10.4) lässt sich auf verschiedene Weise experimentell zeigen. Zum einen können die Einschwing- und Abklingvorgänge eines einzelnen Klangs (Abb. 10.5), einer Tonleiter oder bei einer ganzen Melodie mit einem Toneditor (hier die App Wavepad [NCH Software, o. J.]) „abgeschnitten" werden, wonach – wie oben

**Abb. 10.3** Oszillogramm des Einschwingvorgangs des mit einer Triola gespielten, zweigestrichenen A

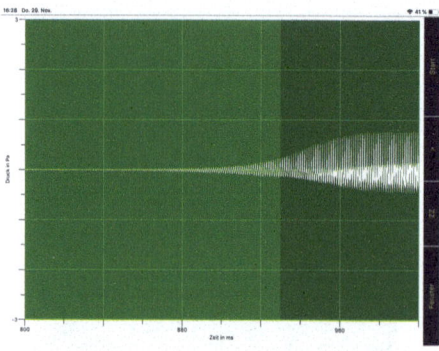

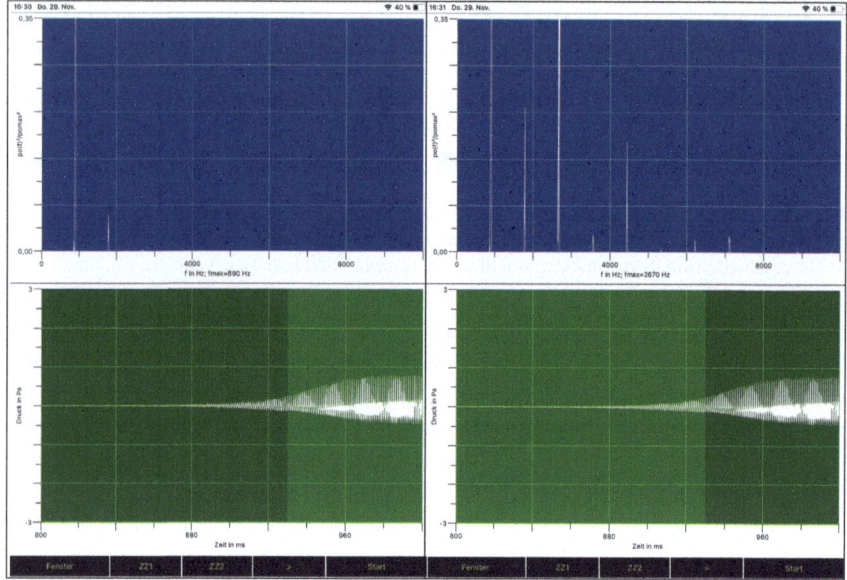

**Abb. 10.4** Oszillogramm und Frequenzspektrum des zweigestrichenen A ($a^2$) einer Triola. Links ist der Einschwingvorgang dargestellt, rechts der stationäre Schwingungszustand. Das Frequenzspektrum des Einschwingvorgangs unterscheidet sich deutlich von dem des stationären Schwingungszustands

bereits erläutert – eine Erkennung des Instruments meist ausgeschlossen ist (Nordmeier & Voßkühler, 2009; Rincke, 2009). Unter anderem bei der Blockflöte, der Triola und dem Klavier erinnert die Hörwahrnehmung eher an einen Synthesizer als an ein nicht elektronisches Instrument.

Zum anderen zeigt sich der Einfluss der Einschwing- und Abklingvorgänge auf die Hörwahrnehmung, wenn man versucht, ein Instrument bei einer zeitlich gespiegelten Audiodatei wiederzuerkennen (Roederer, 2000). Lässt man z. B. eine

# 10 Der Klang von Musikinstrumenten – Experimentelle Untersuchung ...

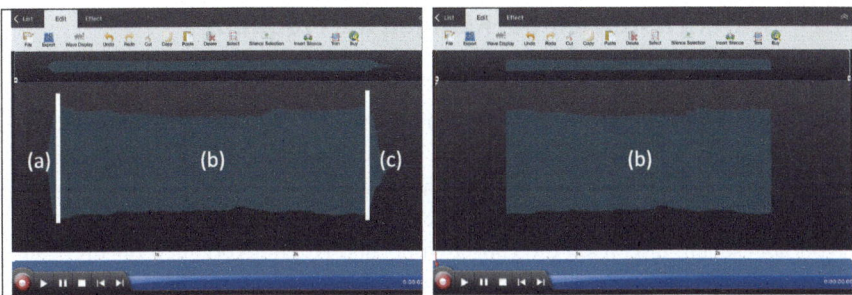

**Abb. 10.5** Oszillogramm des zweigestrichenen A einer Triola. Links ist das komplette Signal dargestellt mit Einschwingvorgang (**a**), näherungsweise stationärer Schwingungszustand (**b**), Abklingvorgang (**c**). Im rechten Signal wurde der Einschwing- und Abklingvorgang entfernt

**Abb. 10.6** Auszug aus Joseph Haydns Klaviersonate in A-Dur, Hob.XVI:26 (Menuet al Rovescio). Der zweite Teil des Krebsgangs wurde gespiegelt, sodass sich das gleiche Notenbild wie im ersten Teil ergibt

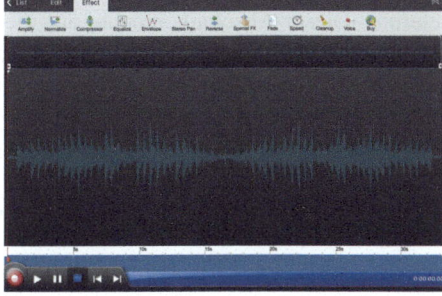

Klavieraufnahme rückwärts ablaufen, so hört man scheinbar ein Streichinstrument. Besonders imposant ist dies bei einem sogenannten Krebsgang, also beim Rückwärtsspielen einer Notenpassage (Internetenzyklopädie Wikipedia, o. J.): Lässt man den zweiten Teil eines Krebsgangs rückwärts ablaufen, so ergibt sich das Notenbild des ersten Teils, das Instrument ist jedoch kaum zu erkennen (Abb. 10.6).

Weitere Experimentiervorschläge zum Einfluss der Einschwing- und Abklingvorgänge auf die Klangfarbe eines Instruments findet man in Rincke (2009).

## 10.1.3 Fazit

Möchte man das Phänomen der Klangfarbe erklären, so sollte nicht nur mit unterschiedlichen Obertonspektren des stationären Schwingungszustands argumentiert werden. Diese Überlegungen sind zwar ganz wesentlich, reichen für eine vollständige Klärung des Phänomens aber nicht aus. Es wird daher empfohlen, die Betrachtung um den Einfluss der Einschwing- und Abklingvorgänge der klangerzeugenden Schwingung auf den Höreindruck zu ergänzen. Der Einsatz einfacher Experimente bietet sich hier an und kann die beschriebenen Erscheinungen eindrucksvoll veranschaulichen.

## 10.2 Warum hören wir bei Klängen die Frequenz des Grundtons?

Bei der Behandlung von Klängen im Unterricht wird in der Regel thematisiert, dass wir die Frequenz des Grundtons (oft als tiefster Ton des Spektrums bezeichnet) einem Klang als wahrgenommene Tonhöhe zuordnen, während das Obertonspektrum selbst sich insbesondere auf die wahrgenommene Klangfarbe auswirkt. Davon abgesehen, dass auch die Einschwing- und Abklingvorgänge für die wahrgenommene Klangfarbe ganz entscheidend sind (vgl. Abschn. 10.1), würde dieser Schilderung vermutlich kaum jemand widersprechen. Was jedoch meist völlig außer Acht gelassen wird, ist die Frage, warum wir einem wahrgenommenen Klang gerade die Frequenz seines Grundtons zuordnen, im Übrigen sogar auch dann, wenn dieser noch nicht einmal im Frequenzspektrum vorhanden ist (z. B. bei kleinen Lautsprechern, Kopfhörern oder der Übertragung eines akustischen Signals per Telefon). Dieser Abschnitt möchte auf diese Frage eine Antwort geben und eine Reihe von Experimenten vorstellen. Neben einer PC-Software kommen auch hier insbesondere Smartphones bzw. Tablets mit entsprechenden Analyse-Apps zum Einsatz (Vogt & Kasper, 2023).

### 10.2.1 Grundversuch und Begriffsbestimmung

Zunächst betrachten wir den mit einem Klavier gespielten Klang, genauer den Klang der Note C ($f_0 = 65{,}4$ Hz). Im Frequenzspektrum der Abb. 10.7, aufgenommen mit einem Smartphone und der App Spektroskop (Wagner, o. J.), ist die Grundfrequenz von rund 65 Hz deutlich zu erkennen. Hierbei handelt es sich um eine recht tiefe Frequenz nahe dem Netzbrummen, die man z. B. mit einem einfachen Kopfhörer nicht mehr originalgetreu wiedergeben kann – hierzu ist die Membran

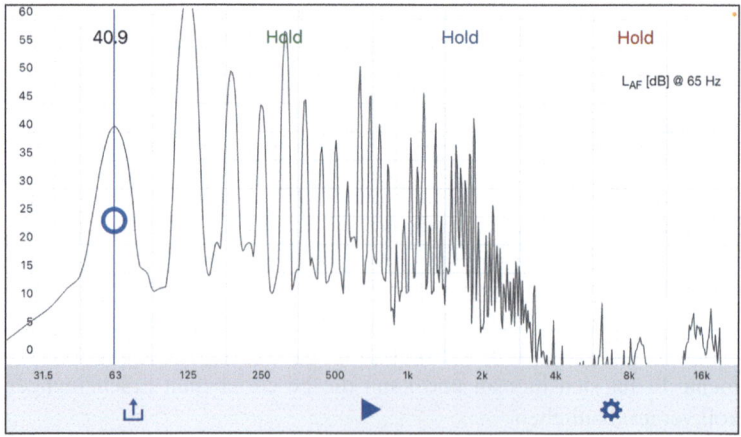

**Abb. 10.7** Frequenzanalyse des auf dem Klavier gespielten C

des Kopfhörers schlichtweg zu klein (idealerweise entspricht der Durchmesser der Lautsprechermembran der halben Wellenlänge der gewünschten Frequenz, was bei 65 Hz etwa 2,60 m entsprechen würde). Dies zeigt bereits die Frequenzanalyse eines Weißen Rauschens, einmal wiedergegeben über einen 8-Zoll-Lautsprecher und im Vergleich dazu über einen einfachen In-Ear-Kopfhörer. Die in Abb. 10.8 dargestellten Frequenzspektren zeigen die „Filterwirkung" des Kopfhörers deutlich; dieser wirkt gewissermaßen als Hochpass, dämpft Frequenzen unterhalb von 2 kHz stark und strahlt solche unter 300 Hz kaum noch ab. Dies merken wir dann beim Musikhören an einer leicht veränderten Klangfarbe und es stellt sich die Frage, warum wir dennoch beispielsweise Beethovens Mondscheinsonate mit einem Kopfhörer genießen können. Hinzu kommt noch die Frequenzabhängigkeit der Hörschwelle. Bei der Frequenz des Grundtons beim Ton C (65,4 Hz) liegt die Hörschwelle etwa um 30 dB höher als z. B. bei einer Frequenz von 1 kHz (von Campenhausen, 1981). Damit sollte der Grundton dann nicht nur bei Kopfhörern, sondern auch bei kleinen Instrumenten nicht hörbar sein. Wie in Abb. 10.9 rechts zu sehen ist, taucht z. B. der Grundton der Note C im vom Kopfhörer abgestrahlten Frequenzspektrum gar nicht mehr auf, trotzdem nehmen wir diesen jedoch wahr! Der größere Lautsprecher beeinflusst das Frequenzspektrum im Übrigen erheblich geringer, sodass die wahrgenommene Klangfarbe dem Originalklavier näherkommt (Abb. 10.9, links).

Dieses einfache Experiment zeigt, dass die wahrgenommene Tonhöhe eines Klangs nicht der Tonschwingung mit der kleinsten Frequenz entspricht, sondern von der Gesamtheit der Obertöne bestimmt wird. Das Fehlen der Grundschwingung wirkt sich lediglich auf die Klangfarbe aus (Kilian, 1999).

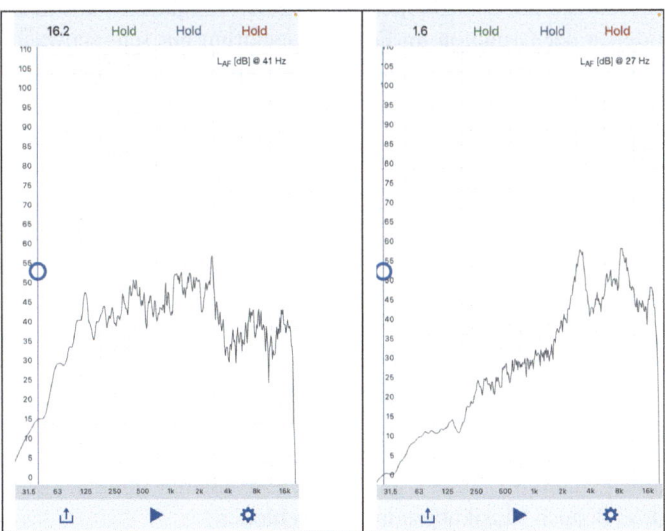

**Abb. 10.8** Frequenzspektrum eines Weißen Rauschens, generiert mit der App Audio Kit, wiedergegeben mit einem 8-Zoll-Lautsprecher (links) bzw. mit einem einfachen In-Ear-Kopfhörer (rechts), analysiert mit der App Spektroskop

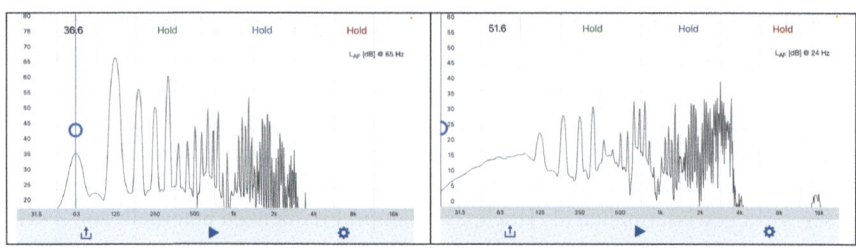

**Abb. 10.9** Frequenzanalyse des auf dem Klavier gespielten C ($f_0 = 65{,}4$ Hz; WAV-Datei), wiedergegeben mit einem 8-Zoll-Lautsprecher (links) bzw. mit einem einfachen In-Ear-Kopfhörer (rechts)

Einen durch den Hörprozess rekonstruierten schwachen oder fehlenden Grundton in einer Reihe von Obertönen nennen wir Residualton oder Residuumton, ein Phänomen, das erstmals von August Seebeck Mitte des 19. Jahrhunderts beim Experimentieren mit Lochsirenen entdeckt wurde (Seebeck, 1843).

### 10.2.2 Vorkommen im Alltag

Auch wenn das Phänomen der Residualtöne weitestgehend unbekannt ist, begegnet es uns im Alltag unbemerkt sehr häufig:

- Die Tonhöhenwahrnehmung bei Klängen haben wir bereits ausführlich besprochen. Besonders entscheidend ist der Residualton z. B. bei Geigen, die aufgrund des kleinen Resonanzkörpers keine tiefen Frequenzen abstrahlen können und bei denen der Grundton im Frequenzspektrum nur sehr schwach enthalten ist, ebenso beim Fagott, wo man beispielsweise ein A (110 Hz) hört, die abgestrahlte Energie aber vorwiegend bei $a^1$, $cis^2$, $e^2$ (440 Hz, ca. 550 Hz, ca. 660 Hz) und darüber liegt (Kilian, 1999).
- Ein Spezialfall sind Kirchenglocken, da sie ein nicht harmonisches Spektrum aufweisen (Kap. 11; Vogt & Kasper, 2015), in welchem die wahrgenommene Tonhöhe gar nicht vorhanden ist (Wimmer, 2012). Hier führt ein kleiner Teil der Obertöne zur Wahrnehmung des Schlagtons der Frequenz $f_s$, nämlich die Oktave ($2f_s$), die Duodezime ($3f_s$) sowie die Doppeloktave ($4f_s$). Im Übrigen fällt der Schlagton näherungsweise mit der Primfrequenz zusammen, die tatsächlich im Frequenzspektrum vorhanden ist, dem Schlagton jedoch nicht exakt entspricht.
- Die menschliche Stimme liegt im Frequenzbereich von 80 bis 12.000 Hz, die Bandbreite des Telefons (auch bei Voice over IP) dagegen nur zwischen 300 und 3400 Hz (Reinicke, 1990). Diese Reduktion führt zwar zu einer Veränderung der Klangfarbe („Telefonstimme"), nicht jedoch zu anderen Tonhöhenwahrnehmungen (vgl. z. B. auch Musikhören in Warteschleifen).
- Wie wir bei dem Kopfhörerexperiment bereits sehen konnten, ermöglicht der Residualton das Hören von Tönen, deren Wellenlängen viel größer als die Lautsprecherdimensionen sind und daher gar nicht emittiert werden können (Basstöne bei Kopfhörer und Kofferradios; Kilian [1999]).

# 10 Der Klang von Musikinstrumenten – Experimentelle Untersuchung …

## 10.2.3 Weiterführendes Experiment: Entfernen des Grundtons und der ersten Obertöne

Eine besonders eindrucksvolle Präsentation des Residualtonphänomens gelingt mit der Software SPEAR (Klingbeil, o. J.). Mit dieser können aus WAV-Dateien nicht nur Spektrogramme in hoher Qualität generiert, sondern auch beliebige Frequenzbereiche aus dem ursprünglichen Signal ausgeschnitten werden. Abb. 10.10 zeigt auf der linken Seite das dynamische Spektrum des anfangs bereits dargestellten Klavierklangs. Der Grundton von ca. 65 Hz wie auch die ersten 15 Obertöne sind deutlich als zueinander parallele Linien zu erkennen. Rechts daneben wurde das Signal mit der Copy-and-Paste-Funktion noch dreimal hinzugefügt, ehe zunächst lediglich die Grundfrequenz, dann zusätzlich der erste Oberton bzw. sogar die ersten drei Obertöne entfernt wurden. Hört man sich das gesamte Signal an, so nimmt man keine Änderung der Tonhöhe wahr. Lediglich auf die Klangfarbe hat das Entfernen der Frequenzen einen Einfluss und auch das deutlich weniger, als man intuitiv vermuten würde.

## 10.2.4 Ursache von Residualtönen

Was ist aber die Ursache für das Hören des im Spektrum nicht vorhandenen Grundtons? Zunächst wurde vermutet, dass die Nichtlinearität des Gehörs für die Wahrnehmung von Residualtönen verantwortlich ist, was z. B. auch die Entstehung von Kombinationstönen erklärt (u. a. Differenz- oder Summenton beim gemeinsamen Erklingen zweier Sinustöne) (Sieroka & Uppenkamp, 2022). Auch wenn dieses Phänomen im Ergebnis dem Residualtonhören ähnelt, handelt es sich dennoch um zwei unterschiedliche Vorgänge. Heute geht man davon aus, dass der Klang eines

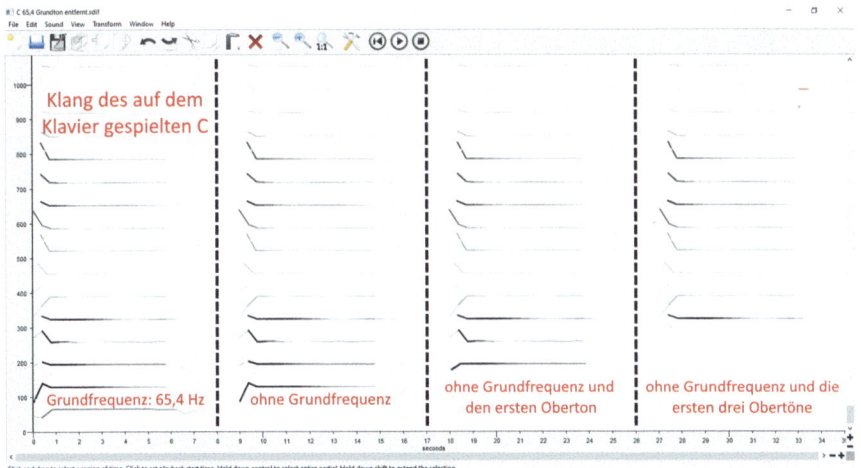

**Abb. 10.10** Entfernen des Grundtons und der ersten Obertöne eines Klangs

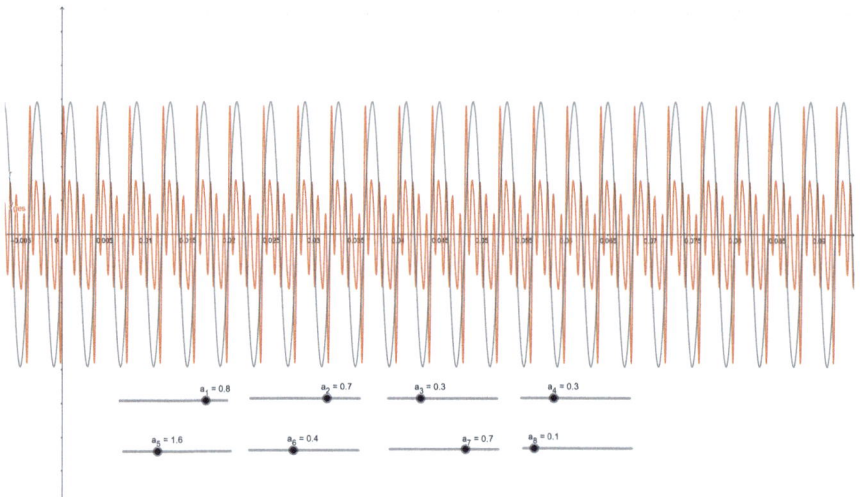

**Abb. 10.11** Screenshot der GeoGebra-Simulation. (Vogt, 2024)

Tons u. a. von seinem Frequenzspektrum bestimmt wird, die Tonhöhe dagegen von der Periodizität seiner Wellenform (Frequenz der Einhüllenden). Eine Filterung des Frequenzspektrums beeinflusst zwar die Wellenform, nicht jedoch deren Periodizität. Selbst wenn die Grundfrequenz vollständig fehlt, bleibt die Frequenz der Einhüllenden erhalten. „Die Tonhöhe bleibt so lange gleich, wie sich trotz der Filterung einige benachbarte Obertöne in der Cochlea zu einer Wellenform überlagern können." (Langner, 2007)

Dass dies mathematisch korrekt ist, lässt sich im Unterricht z. B. mit einer GeoGebra-Simulation zeigen. Diese zeigt die Überlagerung einer Grundfrequenz mit deren ersten sieben Harmonischen (Abb. 10.11, orangefarbene Kurve). Die Grundfrequenz des Klangs kann im Algebrafenster zwischen 0 und 1000 Hz, die Amplituden der Grundfrequenz und der ersten sieben Obertöne mittels Schieberegler zwischen 0 und 1 eingestellt werden. Zusätzlich ist eine Sinusschwingung der Grundfrequenz als Referenz eingezeichnet (graue Kurve). Unabhängig von den eingestellten Amplituden und insbesondere auch dann, wenn die Amplitude des Grundtons auf Null gesetzt wird, entspricht die Periodizität der überlagerten Wellenform stets der Grundfrequenz des Klangs.

### 10.2.5 Experimentieranleitungen zum Unterrichtseinsatz

Im Downloadmaterial eines im Jahr 2023 erschienen Beitrags (Vogt & Kasper, 2023) finden sich drei Experimentieranleitungen, die im Physikunterricht eingesetzt werden können:

1. Wiedergabe tiefer Klänge mit Klavier, Lautsprecher und Kopfhörer
2. Übertragung akustischer Signale mit dem Telefon
3. Entfernung von Grund- und Obertönen

Mit Differenzierungshinweisen wird versucht, den unterschiedlichen fachlichen und methodischen Lernvoraussetzungen Rechnung zu tragen.

### 10.2.6 Fazit

Residualtonhören ist zweifellos ein interessantes und im Alltag weitverbreitetes Phänomen, dem im Physikunterricht und in der Experimentalphysikausbildung von Physiklehrkräften bisher jedoch kaum Beachtung geschenkt wird. Insbesondere bei der Behandlung von Klängen sollte das Thema aufgegriffen werden, da ansonsten die Tonhöhenwahrnehmung unerklärt bleibt. Einfache Experimente unter Einsatz kostenfreier Software/Apps können den Lernprozess unterstützen und führen zu überraschenden Ergebnissen, die der Intuition nicht selten widersprechen (z. B. Beibehaltung der Tonhöhe nach dem Wegschneiden des Grundtons und der ersten Obertöne).

## Literatur

Bader, F., & Oberholz, H.-W. (Hrsg.). (2009). *Physik Gymnasium. Sek I*. Bildungshaus Schulbuchverlage Westermann Schroedel Diesterweg Schöningh Winklers.

von Campenhausen, C. (1981). *Die Sinne des Menschen, Band I: Einführung in die Psychophysik der Wahrnehmung*. Georg Thieme.

Dransfeld, K., Kienle, P., & Kalvius, G. M. (2005). *Physik I. Mechanik und Wärme*. Oldenbourg.

Heepmann, B., Muckenfuß, H., Schröder, W., & Stiegler, L. (1997). *Physik für Realschulen. Natur und Technik, Klasse 9/10 Rheinland-Pfalz*. Cornelsen.

Internetenzyklopädie Wikipedia. (o.J.). Stichwort: „Krebs (Musik)", Verfügbar unter. http://de.wikipedia.org/wiki/Krebs_(Musik). Zugegriffen am 30.04.2025.

Iverson, P., & Krumhansl, C. L. (1993). Isolating the dynamic attributes of musical timbre. *The Journal of the Acoustical Society of America, 94*, 2595.

Kilian, U. (1999). *Lexikon der Physik: in sechs Bänden*, Stichwort „Phantomton". Spektrum. https://www.spektrum.de/lexikon/physik/phantomton/11100. Zugegriffen am 30.04.2025.

Klingbeil, M. (o.J.). Software „SPEAR". https://www.klingbeil.com/spear/downloads/. Zugegriffen am 30.04.2025.

Langner, G. (2007). Die zeitliche Verarbeitung periodischer Signale im Hörsystem: Neuronale Repräsentation von Tonhöhe, Klang und Harmonizität. *Zeitschrift für Audiologie, 46*(1), 8–21.

Litschke, H. (2000). Physik und Musik – Altes Thema und moderne Computer. *Praxis der Naturwissenschaften – Physik in der Schule, 3*(49), 22–25.

Meschede, D. (Hrsg.). (2006). *Gerthsen Physik*. Springer.

Meyer, L., & Schmidt, G.-D. (Hrsg.). (2005). *Physik. Gymnasiale Oberstufe*. Duden Paetec Schulbuchverlag.

NCH Software. (o. J.). App „WavePad". https://apps.apple.com/at/app/wavepad-musik-audio-editor/id1474010851 (iOS). https://ogy.de/WavePad-Android (Android). Zugegriffen am 30.04.2025.

Nordmeier, V., & Voßkühler, A. (2009). Klänge von Musikinstrumenten visualisieren. Von der Zeitreihe zu Klang-Attraktoren. *Naturwissenschaften im Unterricht Physik, 114*, 38–41.

Reinicke, W. (1990). Die Auswirkung der Wiedergabequalität auf die Güte der Sprachkommunikation. In *Benutzerfreundliche Kommunikation/User-Friendly Communication: Vorträge des am 12./13. März 1990 in München abgehaltenen Kongresses/Proceedings of the Congress Held in Munich, March 12/13* (S. 173–182). Springer.

Rincke, K. (2009). Klänge hören und lesen. *Naturwissenschaften im Unterricht Physik, 114*, 10–13.

Roederer, J. G. (2000). *Physikalische und psychoakustische Grundlagen der Musik*. Berlin. Springer.

Seebeck, A. (1843). Ueber die Sirene. *Annalen der Physik, 136*(12), 449–481.

Sieroka, N., & Uppenkamp, S. (2022). Paradoxien beim Hören: Menschliche Hörwahrnehmung. *Physik in unserer Zeit, 53*(1), 28–34.

Vogt, P. (2015). Moment mal…: Was gibt Musikinstrumenten ihren Klang? *Praxis der Naturwissenschaften – Physik in der Schule, 7*(64), 40–42.

Vogt, P. (2024). Downloadmöglichkeit der Geogebra-Simulation. https://www.geogebra.org/classic/dybxnpnm. Zugegriffen am 30.04.2025.

Vogt, P., & Kasper, L. (2015). Der Klang von Kirchenglocken: Experimentelle und empirische Untersuchung eines wohlbehüteten Geheimnisses. *Praxis der Naturwissenschaften – Physik in der Schule, 7*(64), 23–27.

Vogt, P., & Kasper, L. (2023). Warum hören wir bei Klängen die Frequenz des Grundtons? Experimentelle Untersuchung von Residualtönen mit digitalen Medien. *Naturwissenschaften im Unterricht Physik, 193*, 14–18.

Vogt, P., Kuhn, J., & Wilhelm, T. (2022). Smarte Physik. Instrumentalklang mit WavePad untersuchen. *Physik in unserer Zeit, 6*(53), 306–307.

Voßkühler, A., & Nordmeier, V. (2010). „Was schwingt, das klingt." High Speed Kameraaufnahmen von Einschwingvorgängen. *Praxis der Naturwissenschaften – Physik in der Schule, 3*(59), 21–26.

Wagner, A. (o.J.). App „Spektroskop". https://apps.apple.com/de/app/spektroskop/id517486614. Zugegriffen am 30.05.2025.

Wimmer, B. (2012). *Residualton & neuronale Autokorrelation in Modellen der Tonhöhenwahrnehmung* (Diplomarbeit). https://core.ac.uk/download/pdf/16673691.pdf. Zugegriffen am 30.04.2025.

Ziegler, M. (o.J.). App „Schallanalysator". www.ogy.de/Schallanalysator-iOS (iOS), www.ogy.de/Schallanalysator-Android (Android). Zugegriffen am 30.05.2025.

# Von Glocken und Gläsern – Akustische Analysen und Modellierungen

## 11

Lutz Kasper und Patrik Vogt

## 11.1 Zwei akustische Geschwister

Zu den akustischen Schwingungen und Wellen im Alltag tragen klingende Glocken und Gläser unüberhörbar bei. Kirchengeläut lässt sich täglich vernehmen, mancherorts verkünden Turmglockenspiele die Zeit mit bekannten Melodien und der Gläserklang gehört zu einem festlichen Abend. Was verbindet Glocken und Gläser neben ihren klaren Unterschieden in Größe, Material und ihrem Gebrauchszweck?

Zunächst fällt eine geometrisch ähnliche Form auf (Abb. 11.1). So wie beim Glockenspiel bzw. einem Carillon sich mehrere Glocken zu einem Musikinstrument zusammenfügen, klingen auch Weingläser nicht nur an der Festtafel, sondern können als wohlgestimmte Ansammlung eine Glasharmonika bilden.

Physikalisch verbinden Glocken und Gläser vor allem die Schwingungsmoden, also die Art der Erzeugung ihres Obertonspektrums. Beide, Glocke und Glas, kennzeichnen nach Anregung gleiche Muster und Strukturen von Schwingungsknoten und -bäuchen. Abb. 11.1 zeigt die Knotenlinien der Grundschwingung für beide Objekte.

Beide Objekte zeigen weiterhin ein ähnliches (nicht harmonisches) Frequenzspektrum, dessen Obertonfrequenzen sich – wie bei allen zweidimensionalen Schallquellen – nicht einfach durch ganzzahlige Vielfache der Grundfrequenz beschreiben lassen, wie es für eindimensionale Oszillatoren, z. B. schwingende Saiten oder Luftsäulen, zutrifft (Abb. 11.2).

---

L. Kasper (✉)
Pädagogische Hochschule Schwäbisch Gmünd, Abteilung Physik,
Schwäbisch Gmünd, Deutschland
E-Mail: lutz.kasper@ph-gmuend.de

P. Vogt
Institut für Lehrerfort- und -weiterbildung, Mainz, Deutschland
E-Mail: vogt_patrik@icloud.com

© Der/die Autor(en), exklusiv lizenziert an Springer-Verlag GmbH, DE, ein Teil von Springer Nature 2025
L. Kasper, J. Winkelmann (Hrsg.), *Schwingungen und Wellen in Alltagskontexten*,
https://doi.org/10.1007/978-3-662-70949-8_11

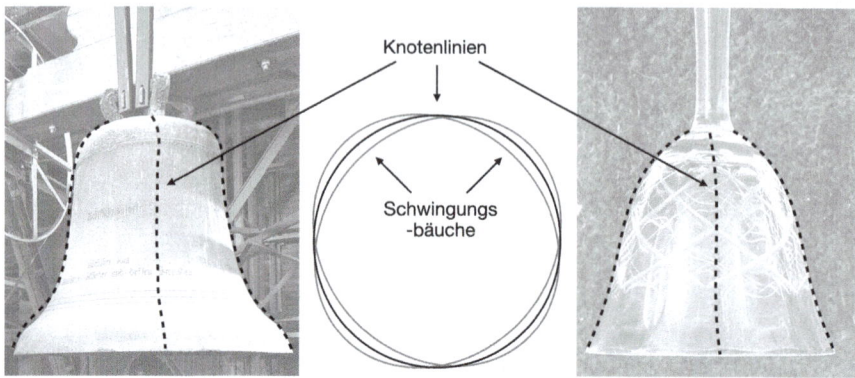

**Abb. 11.1** „Schifffahrtsglocke" im Hamburger St. Michael (links) und ein umgekehrt gehaltenes Weinglas (rechts) mit jeweils aufgezeichneten Knotenlinien der Grundschwingung. (Fotos: L. Kasper)

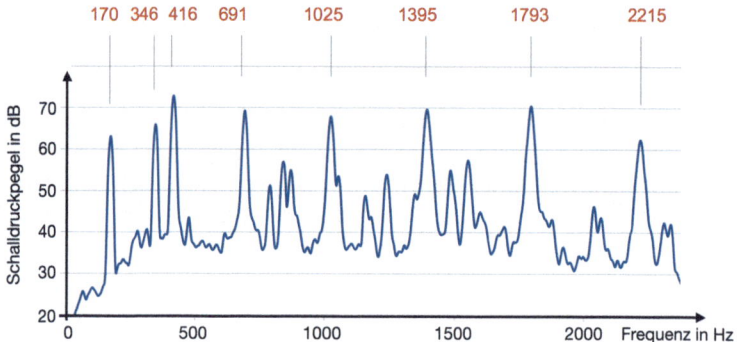

**Abb. 11.2** Typisches Frequenzspektrum einer Kirchenglocke. (Mittagsgeläut des Heilig-Kreuz-Münsters in Schwäbisch Gmünd)

Trotz dieser physikalisch vergleichbaren Mechanismen der Klangerzeugung unterscheiden sich Glocken und Gläser natürlich sehr deutlich in ihren Klängen und zum Teil auch in der Weise ihrer Anregung. Im Folgenden sollen akustische Spezifika und für Lehrzwecke ausgearbeitete und erprobte Wege der akustischen Analyse in Experimenten sowie eine Modellierung mit Datensätzen vorgestellt werden. Diese experimentellen Ansätze und ihre Auswertungen eignen sich sowohl für den Physikunterricht in den Sekundarstufen der Schule als auch für Anregungen in fachwissenschaftlichen Grundlagenveranstaltungen der Hochschule. Darüber hinaus können viele dieser Ideen auch als Ausgangsbasis für „Heimexperimente" dienen.

## 11.2 Glockenklang – Modellierung mithilfe eines großen Datensatzes

### 11.2.1 Was bestimmt den Klang einer Glocke?

Wenn eine Glockengießerwerkstatt den Auftrag erhält, einen Satz von Glocken mit jeweils vorgegebenen tonalen Stimmungen herzustellen, steht sie vor einer zumindest analytisch kaum lösbaren Aufgabe. Und dennoch – wie wir es jederzeit hören können – gelingt es, wohltönende Glocken zu gießen. Aber wie kann das gelingen? Fragt man in solchen Werkstätten nach (die Autoren haben das gemacht), erhält man oft den Verweis auf über Generationen hinweg erlangte und tradierte Erfahrungen. Fast klingt es nach Mythos und Geheimnis. Es sind natürlich das Material und die geometrischen Abmessungen, die den späteren Klang einer Glocke festlegen. Das eigentliche „Glockengießergeheimnis" liegt in dem durch die sogenannte Rippe vorbestimmten Profil einer Glocke (Abb. 11.3 und 11.4).

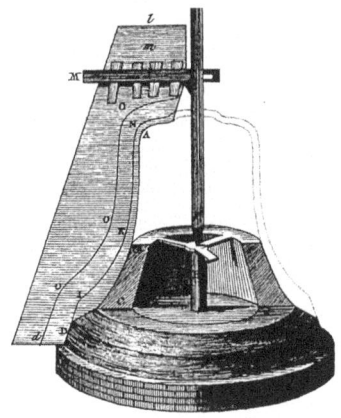

**Abb. 11.3** Traditionelle hölzerne Rippe zur Herstellung der Lehmgießform der späteren Glocke. (Aus Diderot et al., 1766)

**Abb. 11.4** Fertige Lehmgießform, zu Demonstrationszwecken teilweise abgeschlagen. Die „falsche" Glocke darunter wird später durch den Metallguss ersetzt. (Foto: L. Kasper)

Die Rippen, traditionell aus Buchenholz gefertigt, gibt es in zweifacher Ausführung. Sie bestimmen die innere wie auch äußere Form der Glocke dadurch, dass sie auf einer Stahlspindel gedreht werden und somit als Schablone die aufgetragenen Lehmschichten glattstreichen.

Neben der Gestalt der Glocke ist auch ihr Material wesentlich für den Klang. Wie wir im nachfolgenden Abschnitt sehen werden, ist eine entscheidende physikalische Größe die (longitudinale) Schallgeschwindigkeit im Glockenmaterial. Glocken lassen sich grundsätzlich aus ganz unterschiedlichen Materialien herstellen. So ist beispielsweise das Glockenspiel der Frauenkirche im sächsischen Meißen aus Meißner Porzellan gefertigt. Noch seltener ist die Verwendung von Glas als Glockenmaterial. Das im ebenfalls sächsischen Ort Wilsdruff befindliche historische Rathaus beherbergt seit dem Jahr 2003 ein gläsernes Glockenspiel – das weltweit erste seiner Art.[1]

Im Folgenden soll es aber um gegossene Metallglocken, genauer um Bronzeglocken gehen. Andere übliche Metalle neben Bronze sind Gusseisen und Stahl. Die „Glockenspeise" für den Bronzeguss besteht dabei zu ca. 78 bis 80 % aus Kupfer und zu ca. 20 bis 22 % aus Zinn.

### 11.2.2 Ein einfaches Modell zur akustischen Bestimmung der Größe einer Glocke

Wenn hier im Folgenden von einer Modellierung gesprochen wird, so muss man sich im Klaren darüber sein, dass es nicht darum gehen kann, den Zusammenhang aller physikalischen Parameter einer Glocke und den mit ihrem Klang verbundenen Frequenzen aller Oberschwingungen herzustellen. Das ist analytisch kaum zu erreichen und auch numerisch kann hier nur eine Annäherung durch z. B. die Finite-Elemente-Methode[2] gelingen.

Das Beispiel der Analyse klingender Glocken ist neben seinen physikalischen Aspekten auch hinsichtlich der Vorgehensweise in den Naturwissenschaften interessant und kann für Lehrzwecke deswegen als idealtypische Repräsentation im Sinne von Nature of Science behandelt werden.

Namhafte Wissenschaftler wie Leonhard Euler (1764) oder Lord Rayleigh (1894/1945) haben sich in der Vergangenheit mit der Analyse bzw. Modellierung des Glockenklangs beschäftigt. Es hat sich bereits bei ihnen gezeigt, dass nicht das eigentliche Objekt, nämlich die Glocke, zu berechnen war. Vielmehr konnte es bestenfalls darum gehen, ein Modell des Klangs mit zugrundeliegenden, vereinfachenden Annahmen zu schaffen. Diese beziehen sich sowohl auf das Material, vor allem aber auf die Gestalt der Glocke als ein einfaches geometrisches „Standard-

---

[1] So wird es jedenfalls auf der örtlichen Homepage (www.wilsdruff.de) angegeben.
[2] Die Finite-Elemente-Methode stellt ein numerisches Verfahren dar, bei dem der zu beschreibende Körper (hier die Glocke) in eine beliebig große Zahl endlicher Elemente zerlegt wird. Glockengießer arbeiten jedoch – von sehr wenigen Ausnahmen abgesehen – ausschließlich auf Grundlage von Erfahrungswerten.

objekt". Solche Vereinfachungen der Glockenform, die dann mathematisch besser handhabbar sind, stellen z. B. (gestufte) Hohlzylinder, sphärische Schalenformen oder Kegelmantelformen dar. Als Ergebnis eines solchen Vorgehens steht dann eine mathematische Beschreibung, die physikalische Messgrößen enthält. Im Fall klingender Glocken sind diese die Frequenzen des Hum-Tons[3] sowie der Obertöne. Die Güte des auf diese Weise erhaltenen Modells kann dann durch den Vergleich von Modellvorhersagen mit experimentell ermittelten Werten, d. h. durch die Aufnahme des Frequenzspektrums einer Glocke, überprüft werden.

Als ein Beispiel für solche Modellierungen, die den Zusammenhang von Frequenzen und Baugrößen sowie Materialkennzahlen der Glocke herstellen, kann die von Lord Rayleigh (1894/1945) angegebene Gl. 11.1 dienen:

$$f = \frac{1}{2\pi} \sqrt{\frac{Ed^2}{12\rho R^4 \left(1-\mu^2\right)}} \frac{n\left(n^2-1\right)}{\sqrt{n^2+1}} \quad (11.1)$$

Dabei ist $f$ die Frequenz, $n$ die Schwingungsmode, $d$ die Manteldicke, $R$ der Radius, $E$ der Elastizitätsmodul, $\rho$ die Dichte des Glockenmaterials und $\mu$ die Poissonzahl (Querkontraktionszahl).

Diese Gleichung bildet einige grundlegende Abhängigkeiten der Frequenzen von verschiedenen Glockenparametern ab: Je dicker der Glockenmantel ist, desto höher werden bei gleichem Material und gleichem Radius die Frequenzen. Verdoppelt sich der Radius der Glocke, dann verringern sich bei gleichem Material und gleicher Wanddicke die Frequenzen auf ein Viertel. Dagegen hat die Höhe einer Glocke einen nur geringfügigen Einfluss auf die akustische Tonhöhe (Wernisch, 2004, S. 124). Dennoch gelingt eine befriedigende Berechnung aller Glockenfrequenzen mit diesem Modell nicht. Es beruht auf der Zerlegung der Glocke in Kreisringe – ein Ansatz, der auf Euler zurückgeht. Allerdings bleibt in diesem Modell der mechanische Zusammenhalt der Kreisringe – wir würden diese Eigenschaft heute mit der Poissonzahl beschreiben – nicht hinreichend berücksichtigt (Fleischer, 1997, S. 28).

Für unterrichtliche oder hochschulische Lehrzwecke haben wir die Modellannahmen noch einmal deutlich vereinfacht. Das geht natürlich nur bei gleichzeitig reduzierter Vorhersagemächtigkeit des Modells. So bezieht sich unsere Modellierung lediglich auf die Vorhersage der Frequenz des Hum-Tons einer klingenden Glocke. Der Gewinn dieser Modellierung liegt aber in der Tatsache, dass für diese Vorhersage lediglich die Kenntnis eines Glockenparameters (Glockenradius oder -masse) erforderlich ist.

Für die Modellentwicklung sind wir teilweise auch empirisch vorgegangen. Dafür haben wir einen Datensatz von nahezu 700 im Erzbistum Köln erfassten

---

[3] Der sogenannte Hum-Ton einer Glocke, auch Unteroktave, liefert die tiefste messbare Frequenz im Spektrum. Sie entspricht der halben Frequenz des nächsten Tons im Frequenzspektrum, der Prime. Nicht messbar dagegen ist der dennoch wahrnehmbare Schlagton der Glocke (vgl. hierzu auch Kap. 8 in diesem Band), der näherungsweise mit der Prime zusammenfällt.

Glocken genutzt.[4] Darin enthalten sind u. a. die Größen musikalischer Ton, Masse und Radius der Glocke sowie Gussmaterial. Indem dieser Datensatz Glocken enthält, die vom 14. Jahrhundert bis zur Gegenwart hergestellt wurden, kann auf die jahrhundertealte Erfahrung der Glockengießer zurückgegriffen werden.

Einen deutlichen Hinweis auf den Zusammenhang von Hum-Frequenz und Radius bzw. Masse der Glocke liefern die aus dem Datensatz gewonnenen entsprechenden Streuplots (Abb. 11.5).

Um mit Lernenden eine für die Physik typische Modellierung zu erarbeiten, soll hier jedoch nicht der mathematische Zusammenhang zwischen zwei Größen (Radius einer Glocke und ihre Hum-Frequenz) aus einem „Kurvenfit" gewonnen werden. Gelingt das hinreichend gut, kann aus der Kenntnis bzw. Messung einer der beiden Größen die jeweils andere bestimmt werden. Die Modellierung beruht vielmehr auf der Nutzung eines deutlich vereinfachten „Prototyps". Als ein solcher kann z. B. die Glocke durch einen Hohlzylinder abstrahiert werden. Eine solche Näherung wurde bereits von Schlichting und Ucke (1995) für klingende Gläser vorgeschlagen:

$$f_0 = \frac{cd}{\sqrt{3}\pi\, R^2} \tag{11.2}$$

Dabei ist $f_0$ die Grundfrequenz, $c$ die Schallgeschwindigkeit in Glas, $d$ die Glasdicke und $R$ dessen Radius.

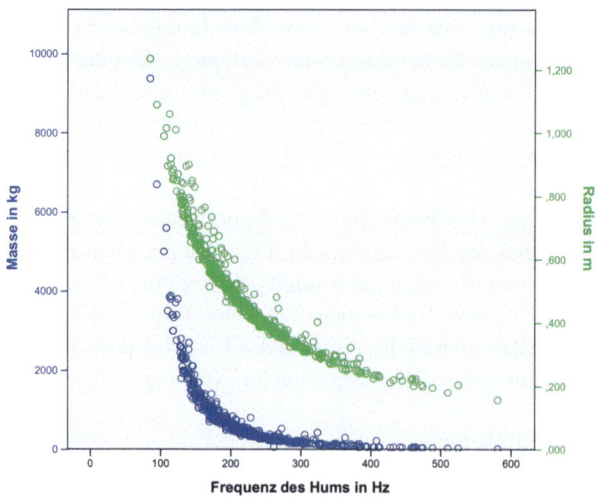

**Abb. 11.5** Masse-Frequenz- und Radius-Frequenz-Beziehung von 684 Glocken

---

[4] Die für diese Daten genutzte Homepage ist in fortlaufender Überarbeitung. Eine aktuelle Seite ist erreichbar unter https://thema.erzbistum-koeln.de/glockenbuch/glockenbuecher/ (02.05.2025).

Der oben angesprochenen Ähnlichkeit von Glocken und Gläsern folgend, wenden wir diesen Ansatz hier nun auf Glocken an. Für die Schallgeschwindigkeit in Bronze kann der Wert $c \approx 3400$ m/s eingesetzt werden. Für das Verhältnis $d/R$ ergibt sich nach Analysen des ausgewerteten Datensatzes der Wert 1/7 (Vogt & Kasper, 2015, 2016).

Für die Abschätzung der Hum-Frequenz $f_{Hum}$ ergibt sich aus Gl. 11.2 damit ein Modell, das im Vergleich zu den Daten der Glocken noch eine Abweichung enthält. Diese kann jedoch nach Einführung eines empirisch bestimmten, mittleren Korrekturfaktors auf eine mittlere Abweichung von 3,5 % verringert werden. Die Bestimmung des Korrekturfaktors ist in Vogt & Kasper (2015) beschrieben. Einsetzen aller Werte einschließlich des Korrekturfaktors sowie Umstellen nach $R$ ergibt die sehr einfache „Faustformel" (deren Ergebniswert die Einheit „Meter" hat):

$$R = \frac{100\,\text{Hz}}{f_{Hum}}\,\text{m} \tag{11.3}$$

Die Güte der auf diese Weise gewonnenen Modellierung kann an beliebigen Glocken überprüft werden. Abb. 11.6 zeigt den exemplarischen Vergleich von gemessenen und publizierten Daten vollständiger Kirchengeläute mit den aus der Faustformel (Gl. 11.3) gewonnenen Angaben.

Diese einfache Faustformel versetzt uns damit in die Lage, den Radius einer klingenden Glocke allein aus der Messung ihrer Hum-Frequenz abzuschätzen. Dafür ist es vollkommen ausreichend, die Frequenzmessung in der Nähe z. B. einer Kirche vorzunehmen. Es muss jedoch darauf geachtet werden, dass jeweils nur eine Glocke des Geläuts aktiv ist.

Aus physikdidaktischer Perspektive repräsentiert der beschriebene Weg zu der gefundenen Faustformel beispielhaft das Vorgehen in der Wissenschaft Physik. Eine bestehende komplexe Realsituation bzw. ein Realobjekt (Glocke) wird reduziert auf einen „Prototyp" (Hohlzylinder). Hierbei findet eine Idealisierung statt. Diese Reduktion erlaubt eine einfache mathematische Modellierung, die an Realdaten überprüft werden kann. Aus dieser Validierung ergibt sich ggf. der Bedarf einer Anpas-

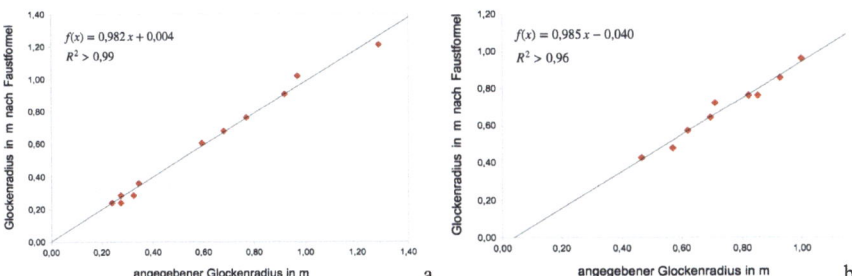

**Abb. 11.6** a Glockenradien des Erfurter Doms im Vergleich von angegebenen und modellierten Werten. b Glockenradien des Ulmer Münsters im Vergleich von angegebenen und modellierten Werten

sung des Modells einschließlich einer erneuten Überprüfung. Dieser Kreislauf findet statt, bis ein für den jeweiligen Zweck befriedigendes Ergebnis erzielt wird.

## 11.3 Klingende und singende Gläser

### 11.3.1 Bestimmung der Schallgeschwindigkeit mithilfe von Gläsern

Bevor wir uns mit dem eigentlichen Klingen der Gläser beschäftigen, bei dem das Glas selbst ins Schwingen kommt, lassen wir zunächst die Luft in einem ansonsten leeren Glas schwingen. Damit kann dann z. B. die Schallgeschwindigkeit der Luft bestimmt werden. Die Idee einer solchen Messung ist die Folgende: Ein Glas wird mit einem Weißen Rauschen[5] „beschallt". Der Hohlraum des Glases kann als akustischer Resonator aufgefasst werden, den eine von seiner Größe und Geometrie abhängende, spezifische Resonanzfrequenz kennzeichnet. Diese Frequenz wird verstärkt und kann bei einer gleichzeitigen Messung als deutlicher Spitzenwert in einem Frequenzspektrum identifiziert werden. Das Vorgehen zur Bestimmung der Schallgeschwindigkeit unterscheidet sich je nach Art der verwendeten Gläser und ist ausführlich beschrieben in Vogt et al. (2014), Kasper (2019), Kasper & Vogt (2022). Für die Messung wird eine App, z. B. Audio Kit benötigt, die sowohl ein Weißes Rauschen erzeugen als auch ein Frequenzspektrum darstellen kann. Alternativ lassen sich auch zwei Smartphones mit jeweils einer Tongenerator- und einer FFT-App[6] nutzen.

In nahezu geraden (zylindrischen) Gläsern entspricht der akustische Resonator einer einseitig offenen Röhre. Für die Grundschwingung im Resonanzfall gilt, dass ein Viertel der Glaslänge $L$ der Wellenlänge entspricht. Mit dem bekannten Zusammenhang von Frequenz $f$, Wellenlänge $\lambda$ und Schallgeschwindigkeit $c = \lambda \cdot f$ sowie mit einer erforderlichen Mündungskorrektur $\Delta L = 0{,}61\,R$, bei der $R$ für den Radius der Öffnung des Glases steht (Levine & Schwinger, 1948), ergibt sich für die Schallgeschwindigkeit:

$$c_{\text{Luft}} = 4 f_0 \left( L + \Delta L \right) \qquad (11.4)$$

Soll die Schallgeschwindigkeitsbestimmung an bauchigen Gläsern vorgenommen werden, gelingt diese mit dem gleichen Messprinzip. Auch hier führt das Weiße Rauschen im Resonator zur Verstärkung der Resonanzfrequenz, die eine FFT-App deutlich anzeigt. Für die Bestimmung der Schallgeschwindigkeit kommt

---

[5] Als Weißes Rauschen wird ein Rauschen bezeichnet, das über einen großen Frequenzbereich eine nahezu konstante Leistungsdichte aufweist.
[6] FFT steht für Fast-Fouriertransformation. Mithilfe dieser mathematischen Methode kann ein akustisches Signal in seine einzelnen Frequenzanteile zerlegt und als Frequenzspektrum dargestellt werden.

hier jedoch die Nutzung eines Ansatzes für Helmholtz-Resonatoren ohne Hals zur Anwendung (vgl. Trendelenburg, 1950, S. 225):

$$c_{\text{Luft}} = 2\pi f_0 \sqrt{\frac{V}{2R}} \qquad (11.5)$$

Dabei ist $V$ das Volumen des Glases und $R$ dessen Durchmesser an der Öffnung des Glases.

Für den Vergleich der auf diese Weise erhaltenen Messergebnisse mit den Literaturwerten ist die Temperaturabhängigkeit der Schallgeschwindigkeit zu berücksichtigen. Für Luft der Temperatur $\vartheta$ gilt (vgl. Lüders & von Oppen, 2008, S. 525):

$$c_{\text{Luft}} = \left(331{,}2 + 0{,}6\,\frac{\vartheta}{°\text{C}}\right) \text{m/s} \qquad (11.6)$$

### 11.3.2 Experimentelle Bestimmung der Resonanzfrequenz eines Weinglases

Hier – wie auch bei den folgenden Abschnitten – geht es um die Schwingungen der Glaswände. Damit liegt eine mit den Glockenschwingungen vergleichbare Situation vor, wobei es sich mit Gläsern einfacher experimentieren lässt. So wie das Frequenzspektrum einer Glocke durch ihr Material, vor allem aber durch Form und Größe festgelegt ist, bestimmen auch die Größe und hier vor allem die Wanddicke eines Glases dessen Klang nach einer Anregung, z. B. durch Anschlagen mit einem Holzlöffel.

Mithilfe eines Experiments lässt sich zeigen, dass bei Anregung durch äußere Schallwellen im Bereich der Eigenfrequenz des Glases Resonanz entsteht. In Analogie zu mechanischen Resonanzexperimenten an Fadenpendeln (vgl. Wilke, 2002, S. 77) lässt sich vergleichsweise einfach eine Resonanzkurve erzeugen.

Durch Anschlagen des Glases findet man mithilfe einer FFT-App die Eigenfrequenz des Glases. Für die Aufnahme der Resonanzkurve werden zwei Smartphones bzw. Tablets benötigt. Mit einem der Geräte wird mithilfe einer Tongenerator-App das Glas angeregt. Dabei wird der Frequenzbereich ober- und unterhalb der ermittelten Eigenfrequenz des Glases möglichst kleinschrittig ($\Delta f = 1$ Hz) durchlaufen. Das Glas sollte sich dabei nur wenige Zentimeter entfernt von der Schallquelle befinden. Die Beschallung erfolgt jeweils nur für kurze Zeit, dann wird der Tongenerator abgeschaltet.

Ein zweites Gerät misst mit einer geeigneten App (z. B. phyphox) den Schalldruckpegel des Klangs vom angeregten Glas. Den Aufbau und Messwerte des Experiments zeigen Abb. 11.7 sowie 11.8 (Vogt & Kasper, 2022).

Abb. 11.9 zeigt den zeitlichen Verlauf des Messvorgangs. Der starke Anstieg der Amplitude bei ca. 3 bis 4 s markiert das Anschalten des Tongenerators. Etwa 7 s

**Abb. 11.7** Versuchsaufbau zur Aufnahme der Resonanzkurve

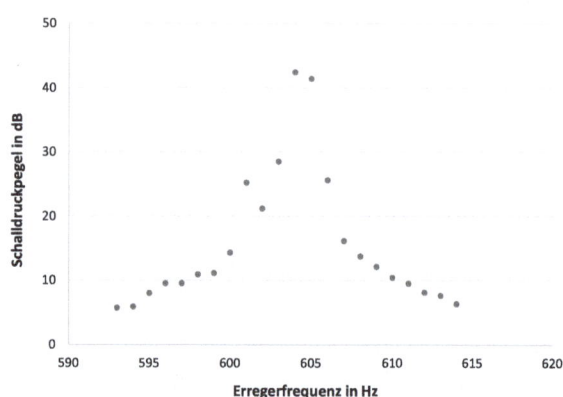

**Abb. 11.8** Exemplarische Messreihe

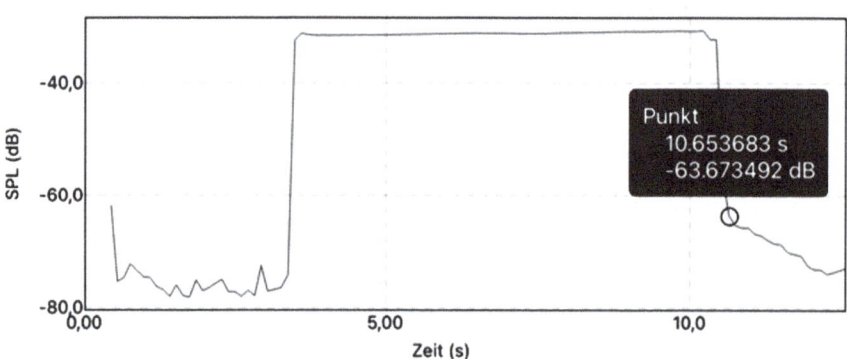

**Abb. 11.9** Zeitlicher Verlauf der Amplitude nach Anregung des Glases mit einer bestimmten Frequenz

später wird dieser ausgeschaltet und die Amplitude fällt deutlich ab. Allerdings fällt das Signal nicht auf den ursprünglichen Wert vor der Anregung ab, sondern bis zu einem Amplitudenwert, mit dem nun das Glas selbst weiterschwingt – gut erkennbar am „Knick" der Kurve. Dieser Wert wird registriert. Wie die Ergebnisgrafik

(Abb. 11.8) zeigt, ist dieser Wert abhängig von der Frequenz der äußeren akustischen Anregung und findet als Resonanzfrequenz ein Maximum bei der ursprünglich festgestellten Eigenfrequenz des Glases. (Die negativen Werte des Schalldruckpegels resultieren aus der Tatsache, dass die App nicht kalibriert wurde. Die Kenntnis der Absolutwerte ist jedoch für die Aufnahme der Resonanzkurve nicht erforderlich.)

An dieser Stelle kann noch darauf hingewiesen werden, dass das oft behauptete „Zersingen" von Gläsern allein durch die menschliche Stimme nicht möglich ist. Dafür müsste die Resonanzfrequenz sehr genau getroffen und über einen Zeitraum gehalten werden können. Auch kann der zum Zerstören eines Glases erforderliche Schalldruck von einer menschlichen Stimme nicht erreicht werden.

### 11.3.3 Schwebungen beim Anstoßen

Hier geht es um ein sehr alltägliches „Experiment" – den Gläserklang beim Anstoßen. Gewöhnlich sind dabei die Gläser gefüllt. Für ein physikalisches Experiment reduzieren wir jedoch die Variablenzahl und stoßen mit leeren Gläsern an. Für zwei baugleiche Gläser würden wir erwarten, dass sie jeweils mit demselben (Grund-) Ton erklingen. Oft lässt sich jedoch schon bei genauem Hinhören nach dem Anstoßen ein auf- und abschwellender Klang vernehmen – ein akustisches Muster, das auf ein Schwebungsphänomen schließen lässt. Selbst scheinbar identische Gläser weisen immer minimale Unterschiede in der Glasdicke sowie Abweichungen von einer idealen Radialsymmetrie auf, sodass sich ihre Eigenfrequenzen (siehe Abschn. 11.3.2) geringfügig unterscheiden. Das ermöglicht uns ein einfaches physikalisches Experiment, für das neben zwei (gleichen) Gläsern lediglich ein Smartphone mit einer Tonanalyse-App erforderlich ist (Vogt & Kasper, 2023). Schlägt man die Gläser mit einem Holzlöffel einzeln an, dann lässt sich jeweils ihre Eigenfrequenz messen. Im Beispiel (Abb. 11.10) zeigen sie Frequenzwerte von 400 und 410 Hz.

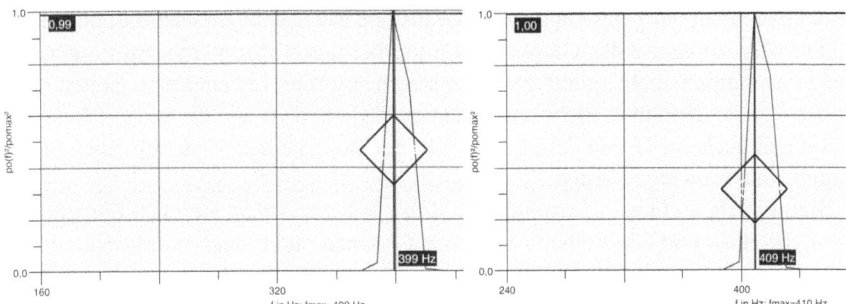

**Abb. 11.10** Eigenfrequenzen zweier je einzeln angeschlagener, identischer Weingläser. (App: Spaichinger Schallanalysator)

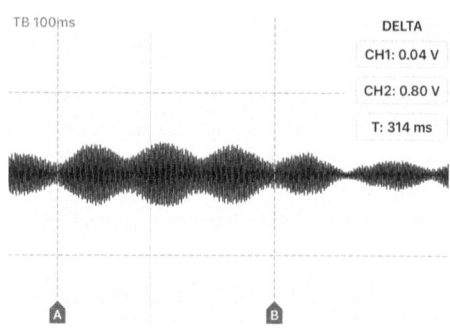

**Abb. 11.11** Oszillogramm des Klangs beim Anstoßen zweier identischer Gläser. (App: Oszilloskop)

Diese kleine Frequenzdifferenz führt zu einer Schwebung, für deren Frequenz gilt:

$$f_S = |f_1 - f_2| \quad (11.7)$$

Für das Gläserpaar im Messbeispiel ergibt sich eine Schwebungsfrequenz von 10 Hz. Es sollte nach dem Anstoßen mit diesen Gläsern also ein zehnmaliges An- und Abschwellen der Amplitude pro Sekunde zu erwarten sein. Der Zusammenhang kann mit einer weiteren Messung als Oszillogramm des Anstoßklangs überprüft werden (Abb. 11.11).

Deutlich erkennbar ist das Schwebungsmuster. Die Zeitmessung für drei vollständige Schwebungsperioden ergibt 314 ms. Damit kann unter Berücksichtigung der sehr einfachen Messbedingungen der Zusammenhang aus Gl. 11.7 zufriedenstellend bestätigt werden.

### 11.3.4 Klangerzeugung durch Reiben von Gläsern – Die Glasharmonika

Im vorherigen Abschnitt wurden Gläser durch Anschlagen bzw. Anstoßen zum Klingen gebracht. Eine weitere Möglichkeit, ihnen Töne zu entlocken, besteht darin, die Gläser mit einem angefeuchteten Finger an ihrem Rand zu reiben. Schnell findet man den richtigen Druck dabei heraus und es entsteht ein wahrhaft glasklarer Klang. Die Anregung des Glases erfolgt hierbei durch den gleitenden Finger, der genau genommen nicht „glatt" gleitet, sondern abwechselnd ein Stück gleitet, dann haftet, wieder ein Stück gleitet usw. Dieses Verhalten ist als Stick-Slip-Effekt bekannt und auch der Grund dafür, dass z. B. der Bogen eines Streichinstruments die Saiten zum Schwingen bringt.

Beim Reiben eines dünnwandigen Glases hat das Anfeuchten des Fingers den Sinn, die Haft- und Gleitreibung zwischen Glasrand und Finger in das richtige Verhältnis zu bringen, sodass ein „ruckelndes Reiben" erfolgt (Kasper & Vogt, 2022, S. 71). Diese Anregung führt dann zu einer sogenannten Reibschwingung und in der Folge oft zur Schallabstrahlung von der Oberfläche des geriebenen Körpers. Die unterschiedlichen Mechanismen der Anregung beim Anschlagen und Reiben eines

Glases lassen sich gut sichtbar machen. Füllt man etwas Wasser in das Glas, dann werden während bzw. unmittelbar nach der jeweiligen Anregung kleine Oberflächenwellen des Wassers erkennbar (Abb. 11.12). Beim Reiben bilden sich radiale Wellenrippeln, die sich im gleichen Drehsinn des reibenden Fingers bewegen. Nach dem Anschlagen des Glases zeigt die Wasserfläche dagegen konzentrische Wellenmuster. Im Gegensatz zum Reiben des Glases bleiben die Knotenlinien und Schwingungsbäuche des Glases nach dem Anschlagen statisch.

Auch in akustischer Hinsicht unterscheiden sich beide Anregungsarten. Man hört zwar jeweils den gleichen Grundton, das Reiben erzeugt jedoch einen deutlich klareren Klang als das Anschlagen desselben Glases. Eine Frequenzanalyse klärt den Unterschied auf (Abb. 11.13).

Der Vergleich der Frequenzspektren zeigt in beiden Fällen die gleiche Grundfrequenz bei einem deutlich unterschiedlichen Obertonspektrum. Die Dominanz der Grundfrequenz und die geringere Anzahl der Obertöne prägen den besonderen Klang eines geriebenen Weinglases, der sich sogar musikalisch nutzen lässt.

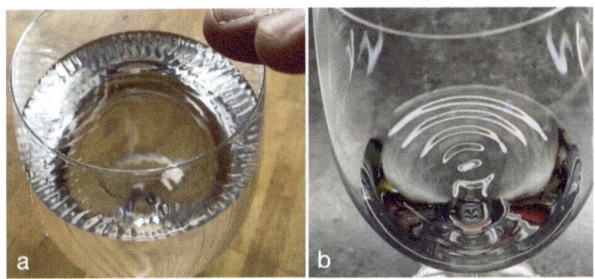

**Abb. 11.12** Durch Wasser sichtbar gemachte Glasschwingungen beim geriebenen (**a**) und angeschlagenen (**b**) Glas

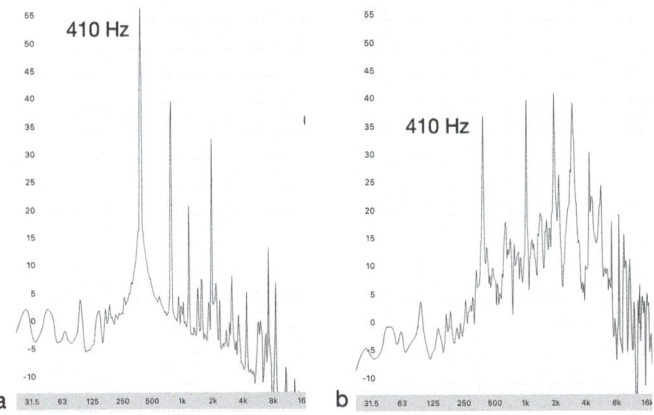

**Abb. 11.13** Unterschiedlich erzeugte Klänge am selben Weinglas mit unveränderter Wasserfüllung. **a** gerieben, **b** angeschlagen

**Abb. 11.14** Glasharmonika mit Fußantrieb (CC-BY-SA 4.0, Historisches Museum Frankfurt [X25198]. Foto: Uwe Dettmer)

Ein Einsatz als Musikinstrument macht die Möglichkeit der tonalen Stimmung mehrerer Gläser erforderlich. Dies gelingt durch eine gezielte Befüllung mit Wasser. Dabei gilt, dass der Ton umso tiefer wird, je höher der Füllstand ist. Ein leeres Glas schwingt in seiner Resonanzfrequenz. Wird es zunehmend gefüllt, muss die schwingende Glaswand gegen den Trägheitswiderstand des Wassers arbeiten, was die Schwingung mit steigendem Pegel auch zunehmend verlangsamt und die Frequenz immer weiter sinken lässt. Eine große Anzahl wohlgestimmter Gläser kann auf diese Weise ein Musikinstrument bilden. Perfektioniert wurde diese Idee der Reibschwingungen an Gläsern in der Glasharmonika. Diese besteht aus Dutzenden Glasglocken unterschiedlicher Größe, die – platzsparend ineinander gestülpt – auf einer gemeinsamen Achse angebracht sind und mit einem Fußantrieb permanent in Drehbewegung gehalten und somit leicht mit dem Finger gerieben werden können (Abb. 11.14). Übrigens hat kein geringerer als der Staatsmann und Naturforscher Benjamin Franklin um 1760 an der Erfindung der Glasharmonika mitgewirkt.

## Literatur

Diderot, D., D'Alambert, & le Rond, J. (1766). *Encyclopédie méthodique.* .
Euler, L. (1764). Tentamen de sono companarum. *Novi Commentarii Acad. Scii. Petropolitanae, X,* 261–281.
Fleischer, H. (1997). Glockenschwingungen. In H. Fleischer & H. Fastl (Hrsg.), *Beiträge zur Vibro- und Psychoakustik*. Heft 1/97.
Kasper, L. (2019). Resonanz im Weinglas. In J. Kuhn & P. Vogt (Hrsg.), *Physik ganz smart – Die Gesetze der Welt mit dem Smartphone entdecken* (S. 117–121). Springer Spektrum.
Kasper, L., & Vogt, P. (2022). *Physik mit Barrique – Eine Weinprobe in 50 Experimenten*. Springer Nature.
Levine, H., & Schwinger, J. (1948). On the radiation of sound from an unflanged circular pipe. *Physical Review, 73,* 383.
Lord Rayleigh, J. W. S. (1894/1945). *The theory of Sound I*. Dover Publications (Reprint).
Lüders, K., & von Oppen, G. (2008). *Bergmann Schaefer Lehrbuch der Experimentalphysik Band 1 – Mechanik, Akustik, Wärme* (12. Aufl.). de Gruyter.
Schlichting, H. J., & Ucke, C. (1995). Es tönen die Gläser. *Physik in unserer Zeit., 3*(26), 138–139.
Trendelenburg, F. (1950). *Einführung in die Akustik*. Springer.

Vogt, P., & Kasper, L. (2015). Der Klang von Kirchenglocken: Experimentelle und empirische Untersuchung eines wohlbehüteten Geheimnisses. *PdN-PhiS, 7*(64), 23–25.

Vogt, P., & Kasper, L. (2016). Der Klang von Kirchenglocken – eine Ergänzung. *PdN-PhiS, 2*(65), 48–49.

Vogt, P., & Kasper, L. (2022). Resonanz und Zersingen von Weingläsern. *Physik in unserer Zeit, 6*(53), 305.

Vogt, P., & Kasper, L. (2023). Akustische Schwebungen beim Anstoßen. *Physik in unserer Zeit, 6*(54), 305.

Vogt, P., Kasper, L., & Müller, A. (2014). Physics2Go! Neue Experimente und Fragestellungen rund um das Messwerterfassungssystem Smartphone. *PhyDid B – Didaktik der Physik – Beiträge zur DPG-Frühjahrstagung*.

Wernisch, J. (2004). *Untersuchungen an Kirchenglocken unter besonderer Berücksichtigung des Klangverhaltens, der Konstruktion und der Werkstoffeinflüsse*. Dissertation, Technische Universität Wien. https://resolver.obvsg.at/urn:nbn:at:at-ubtuw:1-9464. Zugegriffen am 02.05.2025.

Wilke, H.-J. (2002). *Physikalische Schulexperimente. Band 3: Elektrizitätslehre / Optik / Mechanik / Thermodynamik / Kernphysik / Relativitätstheorie*. Volk und Wissen Verlag.

# Stichwortverzeichnis

**A**
Abbe-Kriterium 20
Absorption 64
Absorptionslinie 23
Akustik 85, 113
Akustische Stoppuhr 113
Akzeptanzbefragung 60
Albert-Einstein-Institut 32
*Alien* (Spielfilm) 26
Allgemeine Relativitätstheorie 30
Amati 106, 107
Asteroseismologie 29
Astronomie 17
Atom 29
Audiospektrum 115
Auflösungsvermögen 19, 20
Ausbreitungsgeschwindigkeit 36
Ausgewähltes Spektrum 41
Auslöschung 121
Authentizität 71
Autokorrelation 116

**B**
Basislänge 18
Bassgeige 108
Bereich des elektromagnetischen Spektrums 38
Bernoulli-Gleichung 76
Berufsfelderkundung in der Akustik 97
Beschreibung von Wellen 35
Binärpulsar 32
Blockflöte 105
Brechzahl 55

**C**
Chladnische Klangfigur 103
Citizen-Science-Projekt 96

**D**
Dawes-Kriterium 20
Design-Based Research 58
Destruktive Interferenz 33
Dichtestörung 28
Didaktische Rekonstruktion, Modell 58
Dipol 30
Doppelstern 20
 spektroskopischer 24
Dopplereffekt 23, 29, 117
 speziell-relativistischer 24
Drehmoment 14
Drittes Kepler'sches Gesetz 25

**E**
Ebene harmonische Welle 36
Einhüllende 120
Einschwingvorgang 125
Einstein, A. 30
Elektrodynamik 30
Elektromagnetische Strahlung 57
Elektromagnetische Welle 30, 35
 elementare Wechselwirkungen 41
 Kommunikation 43
 Wechselwirkung mit Materie 39
Elementarpendel 3–5, 7–13
Emissionslinie 23

© Der/die Herausgeber bzw. der/die Autor(en), exklusiv lizenziert an Springer-Verlag GmbH, DE, ein Teil von Springer Nature 2025
L. Kasper, J. Winkelmann (Hrsg.), *Schwingungen und Wellen in Alltagskontexten*,
https://doi.org/10.1007/978-3-662-70949-8

Energie 65
Energieansatz 2
Energieerhaltung 2, 6, 9, 11, 15, 27
Europäische Südsternwarte (ESO) 22
Exoplanet 25
Expansion
    kosmische 26
Expansion, kosmische 26
Extremely Large Telescope (ELT) 22

**F**
Flöte 104, 105
Fouriertransformation 115
Freifallzeit 27
Frequenzanalyse 129
Frequenzauflösung 116
Frequenzband 21
Frequenzbestimmung 115
Frequenzspektrum 101

**G**
Galilei-Pendel 5, 7
Gas im Weltraum 26
Gebäudethermografie 47
Gegendruckzeitskala 28
Gehör 79
Geige 106, 107
Geometrische Optik 38
Geräusch 101–103
Geräuschverkostung 94
Geschwindigkeit 117
Glas 135
Gläserklang beim Anstoßen 145
Glasharfe 110
Glasharmonika 111, 148
Glocke 108, 109, 135
Glockenklang 137
    Modellierung 138
Glockenspeise 138
Gravitation 27
Gravitationsanziehung 27
Gravitationskonstante 28
Gravitationswelle 30
    Nachweis 32
    Quadrupoleigenschaft 31
Grundfrequenz 128
Grundton 101, 103, 105, 106, 128

**H**
Handystrahlung 66
Harfe 107, 108
Harmonische Schwingung 15

Helioseismologie 29
Helmholtz-Resonator 77, 143
Himmelskugel 18
Hintergrundstrahlung, kosmische 29
Hochpass 129
Hörfläche 79
Hörschwelle 129
Hörwettbewerb 95
Hubble-Lemaître-Relation 26
Hulse-Taylor-Pulsar 32
Hum-Frequenz 140
Hum-Ton 139
Huygens, C. 1, 4, 5, 15

**I**
Induktives Hören 93
Inflationsphase 29
Informationsübermittlung 67
Infrarotstrahlung 62, 63
Interdisziplinarität 72
Interferenz 33, 120
Interferometer 18
IR-Kamera, Thermografie 46
Isochrones Pendel 1, 3, 4, 6, 9, 12–15

**J**
James-Webb-Weltraumteleskop (JWST) 22
Jeans, J. 28
Jeans-Kriterium 28
Jeans-Länge 28
Jeans-Masse 28

**K**
Kepler, J. 25
Kepler'sches Gesetz 25
Kirchenglocke 108
Klang 101–106, 108, 124
Klangfarbe 123
Klarinette 105
Klavier 104, 108
Knoten 118
Knotenlinie 135
Kohärenz 15
Kollaps unter Schwerkraft 27
Kombinationston 131
Komplexer Ton 124
Komplexität 72
Konstruktive Interferenz 33
Kosmische Expansion 26
Kosmische Hintergrundstrahlung 29
Kosmologie 26
Kosmologische Rotverschiebung 26

Krebsgang 127
Kreisbahn 25
Kurzarmnäherung 33

**L**
Ladung 30
Laserentfernungsmessgerät 50
Laserlicht 32
Licht 49, 60
Lichtgeschwindigkeit 30, 49, 62
Lichtquelle 18
Lichtstreuung, VIS und IR 42
Lichtwelle 18
LIDAR 53
LIGO (Gravitationswellendetektor) 32
Linsenteleskop 18
LISA (Gravitationswellendetektor) 32, 33
LOFAR 20
Lorentzkontraktion 40
Luftsäule 104

**M**
Materie 64
Mathematisches Pendel 1–4, 14
Max-Planck-Institut für
         Gravitationsphysik 32
Maxwell-Gleichung 30
Membran 128
Michelson-Interferometer 32
Mikrowelle 42, 61, 64
MINT-Cluster 87
    Förderkriterien 87
    Verteilung im Bundesgebiet 87
MINT-Cluster TÖNE 89
    Aktivitäten 90
    Aktivitätsbereiche 90
    außerschulische Angebote 90
    Verbundpartner 89
Mittelohr 81
Modellgüte 141
Monsterohr 91
Mündungskorrektur 142

**N**
Neutronenstern 32
Newton, I. 25
Newton'sche Gravitationskonstante 28

**O**
Oberton 101, 104–106, 115
Obertonspektrum 124, 128

**P**
Pauke 103
Pedalton 105
Periodendauer 1–4, 14, 23
*Phased array* 21
Phasenunterschied 18
Physikalisches Pendel 1, 3, 4, 10, 13, 15
Plasma 29
Positionswinkel 18
PSR J1915+1606 32
*Pulsar timing array* 33

**Q**
Quadrupoleigenschaft, Gravitationswelle 31
Quantenfluktuation 29

**R**
Radialbewegung 23
Radialgeschwindigkeitsmethode 25
Radiowelle 64
Randbedingung 118
Rauschen 103, 104
Rayleigh-Kriterium 20
Reduzierte Pendellänge 4, 13, 14
Reflexion 64
Regionaler MINT-Cluster 87
Reiben eines Glases 146
Relativistische Zeitdilatation 24
Relativitätstheorie
    Allgemeine 30
    Spezielle 24
Repräsentationsform 61, 64
Residualton 130
Residuumton 130
Resonanz 117
Resonanzfrequenz 76, 143
Resonanzkurve 143
Resonator 119
Resonatorlänge 118
Rezessionsgeschwindigkeit 26
Richtungshören 91
Richtungsunterschied 20
Rippe (Glocke) 137
Röntgenaufnahme 43
Röntgenbild 64
Röntgenstrahlung 61, 64, 66
Rotverschiebung, kosmologische 26

**S**
Saite 104, 106, 108, 110
Satz von Fourier 101, 124
Schallart 124

Schalldruck 80
Schalldruckpegel 78
Schallgeschwindigkeit 28, 113
Schallwelle 23, 28, 75, 78
 im Weltraum 27
Schlagton 130
Schwarzes Loch 32
Schwebung 120
Schwebungsphänomen 145
Schwerpunktsatz 25
Schwingungsmodus 135
Scott, R. 26
Seebeck, A. 130
Seismische Welle 29
Sender-Empfänger-Modell 49, 59, 61
Signal, Zeitverzögerung 20
Sonagramm 101, 102, 106, 108, 109
Spektrallinie 23
Spektroskopie 23
Spektroskopischer Doppelstern 24
Spektrum 64
Speziell-relativistischer longitudinaler
 Dopplereffekt 24
Spiegelteleskop 18
Stehende Welle 105
Stick-Slip-Effekt 146
Stimmgabel 102, 103
Stradivari 106, 107
Strahlenoptik 18
Strahlteiler 32
Strahlung 57
Südsternwarte, europäische 22

T
Teilchenbild 60
Telefonstimme 130
Teleskop 18
Thermische Wirkung 66
Thermografie 46
TOF-Sensor 53
Ton 101–103, 110, 124
 komplexer 124
Tongenerator 120
Tonhöhe 115
Trägheitsmoment 2, 13, 15

Transmission 64
Transversal 30
Trommel 102, 103
Trompete 104, 105

U
Umdeutungsstrategie 67
Universum, frühes 29
Unterrichtskonzept 57
Urknallphase 29
UV-Strahlung 61–63, 66
UV-VIS-IR-Fotografie 44

V
Vakuumlichtgeschwindigkeit 36
Very Long Baseline Interferometry
 (VLBI) 21
VLA (Very Large Array) 21

W
Wagenschein, M. 2, 14
Weinglas 110
Weißer Zwerg 32
Weißes Rauschen 118, 129, 142
Welle
 elektromagnetische 30
 Licht- 18
 seismische 29
Wellenbauch 118
Wellenform 101, 102
Wellenlänge 20, 64, 65, 118
Wellenmodell 60
Wellenoptik 38
Welle-Teilchen-Dualismus 37
Wheeler, J. 30
Wummern 76

Z
Zeitdilatation, relativistische 24
Zeitmessung 113
Zeitverzögerung von Signalen 20
Zersingen von Gläsern 145

The manufacturer's authorised representative in the EU is Springer Nature Customer Service Centre GmbH, Europaplatz 3, 69115 Heidelberg, Germany. If you have any concerns regarding our products, please contact ProductSafety@springernature.com

Printed and bound by CPI Group (UK) Ltd, Croydon, CR0 4YY

26/03/2026

02078943-0015